国家社会科学基金重大招标项目成果(项目编号:08&ZD043)

中西部地区“两型社会”建设战略的支撑体系研究

黄志斌　张庆彩　张先锋　著

合肥工业大学出版社

图书在版编目(CIP)数据

中西部地区"两型社会"建设战略的支撑体系研究/黄志斌,张庆彩,张先锋著. —合肥:合肥工业大学出版社,2014. 11

(生态文明与资源节约型和环境友好型社会建设丛书/黄志斌,赵定涛主编)

ISBN 978-7-5650-2016-2

Ⅰ. ①中… Ⅱ. ①黄…②张…③张… Ⅲ. ①自然资源—资源利用—研究—中西部地区 Ⅳ. ①X372

中国版本图书馆 CIP 数据核字(2014)第 261258 号

中西部地区"两型社会"建设战略的支撑体系研究

黄志斌 张庆彩 张先锋 著　　　　责任编辑 陆向军 吴毅明

出　版	合肥工业大学出版社	版　次	2014 年 11 月第 1 版
地　址	合肥市屯溪路 193 号	印　次	2014 年 11 月第 1 次印刷
邮　编	230009	开　本	710 毫米×1010 毫米　1/16
电　话	综合编辑部:0551-62903028	印　张	14. 75
	市场营销部:0551-62903198	字　数	220 千字
网　址	www. hfutpress. com. cn	印　刷	合肥星光印务有限责任公司
E-mail	hfutpress@163. com	发　行	全国新华书店

ISBN 978-7-5650-2016-2　　　　定价: 36. 00 元

“十二五”国家重点图书规划项目

生态文明与资源节约型和环境友好型社会建设丛书

编　委　会

总　序

加快建设资源节约型、环境友好型社会（以下简称为“两型社会”），是党的十六届五中全会从我国的国情出发而提出的新理念，是与可持续发展战略、统筹人与自然的和谐发展一以贯之的一项重大决策。党的十七大报告基于深入贯彻落实科学发展观的内在要求，从生态文明建设的高度提出：“坚持节约资源和保护环境的基本国策，关系人民群众切身利益和中华民族生存发展。必须把建设资源节约型、环境友好型社会放在工业化、现代化发展战略的突出位置，落实到每个单位、每个家庭。”① 党的十八大报告则设立专门篇目对生态文明建设加以阐述，进一步提出：“把生态文明建设放在突出地位，融入经济建设、政治建设、文化建设、社会建设各方面和全过程”，全面推进资源节约，加大环境保护力度，“形成节约资源和保护环境的空间格局、产业结构、生产方式、生活方式”，“努力建设美丽中国，实现中华民族永续发展”②。习近平同志在中共中央政治局第六次集体学习时再次强调，要坚持节约资源和保护环境的基本国策，加强节能减排和环境保护，努力走向社会主义生态文明的新时代。

尽管我国社会主义事业硕果累累，举世瞩目，但仍处于并长期处于社会主义初级阶段，发展相对落后；尽管我国地大物博，景象万千，但人口众多，人均资源紧缺，生态系统脆弱，自然灾害频发；尽管我国经济增长速度世界第一，经济总量世界第二，循环经济长足发展，但在总体上仍是传统的“高投入、高消耗、高污染”的线性经济模式占主导地

---

① 胡锦涛．高举中国特色社会主义伟大旗帜　为夺取全面建设小康社会新胜利而奋斗——在中国共产党第十七次全国代表大会上的讲话［N］．人民日报，2007-10-25.

② 胡锦涛．坚定不移沿着中国特色社会主义道路前进　为全面建成小康社会而奋斗——在中国共产党第十八次全国代表大会上的讲话［N］．人民日报，2012-11-18.

位，节约指数、环境友好度远不如发达国家。在此国情条件下，只有致力于经济发展与人口资源环境相协调，加快建设“两型社会”，才能真正做到以人为本，从根本上提高人民的生活质量和幸福指数，通过生态和谐促进人自身的身心和谐、全面发展以及人与人、人与社会之间的人态和谐，从而全面建成小康社会，奔向中华民族伟大复兴的目标。

2007 年，国家发展与改革委员会正式批准设立长株潭城市群和武汉城市圈“两型社会”综合配套改革试验区，各级地方政府也纷纷将加快建设“两型社会”纳入本地区总体发展规划。但资源环境的地域关联、地域差异和累积机制，要求制定和实施不同层次、相互协调的“两型社会”建设战略。中西部地区拥有 18 个省（自治区、直辖市）213 个地市[①]，在我国国民经济和社会发展中具有重要地位，应当有适合自身特点的“两型社会”建设战略。从现实情况看，《2006 中国可持续发展战略报告》对全国 31 个省（自治区、直辖市）基于能源、用水、建设用地、全社会固定资产投资、工业废气减排、废水减排、工业固体废弃物减排 7 类指标的节约指数排序结果显示，中西部地区只有河南、湖北、安徽、江西、西藏低于全国平均水平，而新疆、宁夏、贵州、山西 4 省区的节约指数高达全国平均水平的 2 倍以上。此外，西部开发所面对的生态环境的严重脆弱性，中部崛起各省规划中的工业导向趋同及其所面临的资源与环境制约，迫切需要科学制定和实施中西部地区“两型社会”建设战略，使该地区突破“先污染，后治理”和“吃子孙饭，用子孙地”的藩篱，实现又好又快的发展，显现后发优势。

自“两型社会”提出后，学术界同人从各个角度予以探索，取得了丰硕成果，但在战略研究方面，诸如战略目标制定和调控、评价理论与方法创新及其实证应用、战略支撑体系和案例库构建等仍留有较大的探讨空间。中西部地区不但要发展经济、努力缩小与东部沿海地区间的收入差距，而且面临着资源浪费、环境污染以及生态压力等问题，如何解

① 参考 2012 年《中国统计年鉴》数据。

决区域发展与“两型社会”建设间的关系成为必须解决的重要课题；长株潭城市群、武汉城市圈“两型社会”综合配套改革试验区的建设目前已取得显著成绩，积累了不少经验，但其中一些问题远没有解决，如人口、城镇发展与“两型社会”的关系，产业发展与“两型社会”建设的关系等，仍有待人们做出艰辛的努力。

资源节约型社会是由资源节约型观念、资源节约型主体、资源节约型制度、资源节约型体制、资源节约型机制、资源节约型实践等组建而成的复杂系统。环境友好型社会是一种人与自然和谐共生的社会形态，其核心内涵是人类的生产和消费活动与自然生态系统协调可持续发展①，它们一体两面，共同支撑起我国生态文明建设的大厦。本研究力图站在国家的高度，以中西部为服务对象，针对中西部经济社会发展水平、资源禀赋和生态环境承载能力，按照“有限目标，重点突出”的思路，以科学发展观为指导，系统研究中西部地区“两型社会”建设战略，主要研究内容包括：(1) 中西部地区“两型社会”建设的总体战略研究。(2) 促进中西部地区“两型社会”建设的产业发展战略研究。(3) 促进中西部地区“两型社会”建设的人口与城镇化战略研究。(4) 中西部地区“两型社会”建设的评价方法及应用研究。(5) 中西部地区“两型社会”建设战略的支撑体系研究。(6) 中西部地区“两型社会”建设的案例研究。

其中核心内容是“总体战略”，文献调研、实地调研、数据采集是研究的基础；“产业发展战略”和“人口和城镇化战略”是“总体战略”在社会生产和流通、社会生活和消费方面的细化和深化，三个战略形成“一体两翼”的战略结构；“支撑体系”既可以支撑“总体战略”，也可以支撑“产业发展战略”和“人口和城镇化战略”；评价方法既可以应用于“总体战略”的制定及实施过程监测、评价和调控，也可以应用于“产业发展战略”和“人口和城镇化战略”的制定及实施过程监测、评

① 徐佩玉．关于建设资源节约型和环境友好型社会的思考［J］．山东经济战略研究，2009 (11)：30-32.

价和调控；从具体实践角度考虑，战略研究有必要与案例研究相结合，通过案例研究形成对战略研究的合理补充。有鉴于此，本研究的总体框架设计如下图所示。

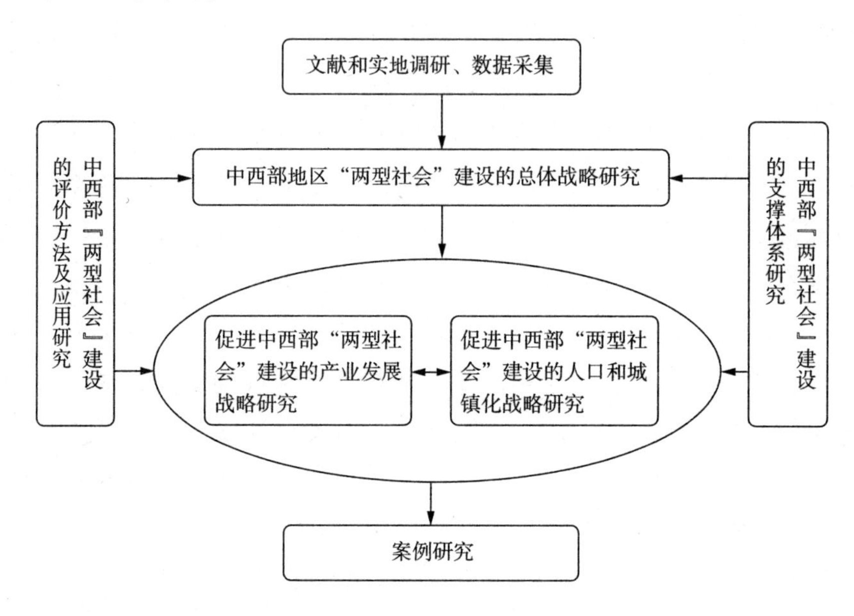

本课题的研究意义在于：(1) 通过"两型社会"建设理论基础和概念模型的深入研究，提出适合中国国情和中西部地区实情的"两型社会"建设新的理念和原理体系，深化对科学发展观的理解，丰富和创新和谐社会以及生态文明建设基础理论的内容。(2) 通过中西部地区"两型社会"建设的总体战略研究，提出中西部地区"两型社会"建设的总体思路和战略目标，中西部地区与东部地区"两型社会"建设协调的梯度转移与融入战略、承接与赶超战略、后发优势与跨越式发展战略，中西部地区"两型社会"建设战略实施的主体群、机制和具体路径，为国家对中西部"两型社会"建设的总体部署、宏观协调、分类指导提供决策参考。(3) 通过重点研究促进中西部"两型社会"建设的产业发展战略、人口与城镇化战略，提出适合中西部地区的生产、流通和消费发展模式及战略取向，为中西部地区各省区、地市科学制定和实施"两型社会"建设战略，提出思路，提示方向，提供参考。(4) 通过中西部"两型社

会”建设的评价方法及应用研究，创新评价方法及模型，使之能对中西部“两型社会”建设进展进行综合评估，为调控和改进建设进程提供依据。(5) 通过中西部“两型社会”建设战略的要素和条件支撑体系研究，为中西部各级政府对实施“两型社会”建设战略的抓手的取舍提供参考。(6) 通过广泛调查，搜集不同产业行业、不同地域层次、不同地理条件下与中西部“两型社会”建设紧密相关的案例，并进行典型及综合研究，建立中西部“两型社会”建设案例库，为中西部乃至全国的“两型社会”建设提供典型案例，归纳研究结论，提出借鉴建议。

本研究作为国家社科基金重大招标项目“中西部地区资源节约型和环境友好型社会建设战略研究”(08&ZD043) 中标项目，于2009年3月24日正式立项，经精心筹备后，5月23日在合肥工业大学召开开题论证会，来自安徽省委宣传部、东南大学、中国科技大学、安徽省社会科学院、安徽省人民政府研究室等单位的专家组成专家组，对课题设计、研究计划、研究方法与思路、成果形式等提出了建设性意见。会后，项目组根据专家组的意见，进一步完善了课题设计和研究计划，并建立了项目团队内部组织协调机制和管理办法，包括资源共享机制、交叉协同机制、常态研讨机制、定期研讨制度、成果通报制度等，以确保项目研究计划的有效执行。

2009年6月，各子课题根据各自的研究内容，确定文献调查、实地调查、数据采集方案及数据处理、分析方法；研究已有评价方法和模型，并结合本课题予以改良和创新。2009年7月起，各子课题分成小组全面展开调查和数据处理，建立数据库和案例库，并对中西部“两型社会”建设的现状和趋势进行分析。

2009年12月起，6个子课题小组围绕重点问题分头研究，遇到问题及时交流和协同研讨，形成了系列论文、对策建议专稿、典型案例，并向有关部门报送、向国内外权威杂志投稿，彰显阶段成果应用价值和社会效应。课题组根据研究的需要和进展，除进行总课题、各子课题的常态和定期内部研讨外，还精心组织召开了3次大型研讨会，并参加国内外相关学术交流50余次，广泛推介本项目阶段研究成果，扩大社会影响和应用价值。

本研究的阶段成果包括：(1) 专题数据库和案例库。经深入的实地调查（发放问卷12 000余份、访谈300余人次）、数据采集（政府相关部门和相关网站），获得了大量的第一手数据和资料，整理后和文献资料一起形成我国及中西部资源、环境、经济社会发展、公民行为、企业行为、人口与城镇化、城市群等“两型社会”建设专题数据和案例库。(2) 对策建议专稿。先后向全国社科规划办提交对策建议专稿4篇，其中《改革企业所得税分享制度 促进“两型社会”建设》《推进新型城镇化改革，实现城镇发展转型》分别于2010年10月、2013年3月被全国社科规划办《成果要报》编发；通过安徽省政协十届三次会议以提案方式转呈安徽省政府《关于“皖江城市承接产业转移示范区”建设的六点建议》，被安徽省发展和改革委员会采纳；《大力发展煤层气产业，加快“两型社会”建设步伐》，由国家能源局综合司《能源工作》第168期刊发，并加有编者按予以高度评价。(3) 高质量系列论文。在国内外刊物和学术会议上发表与课题相关的学术论文47篇，提出了一系列学术理论上的新阐述、学术观点上的新创造、学术方法上的新突破，以及解决实际问题上的新见解。

2012年11月各子课题组按照研究设计，将阶段成果和相关数据资料整合、更新，陆续完成6个子课题的研究报告：《中西部地区“两型社会”建设的总体战略研究》《促进中西部地区“两型社会”建设的产业发展战略研究》《促进中西部地区“两型社会”建设的人口与城镇化战略研究》《中西部地区“两型社会”建设的评价方法及应用研究》《中西部地区“两型社会”建设战略的支撑体系研究》《中西部地区“两型社会”建设的案例研究》，并召开了研讨会，由与会专家提出修改意见。2013年1—6月，课题组进一步修订各子课题研究报告，并对其进行贯通、提炼，形成《中西部地区资源节约型和环境友好型社会建设战略研究》总研究报告。2013年7—8月，研究工作进入收尾和结项准备阶段，

9月通过结项鉴定。项目结项后，成果完成人及其团队根据党的十八大和十八届三中全会精神和国家新的战略举措及宏观政策，进一步对诸研究报告进行了修改、完善，形成集学术性和资政性于一体的系列专著。

本研究主要在以下方面进行了一系列创新性探索：

1. 研究提出了“两型社会”建设的“生态—人态—心态”整体和谐的基本原理，“本然依据—应然规范—实然路径”一以贯之的内在理路，以及“生产、流通和消费的超循环—社区、城乡共同体和城市群区的‘两型’化—‘两型’评价监测与反馈调控的机制化”三维并举的概念模型，深化了对科学发展观的理性认识，拓展了“两型社会”的基础理论和研究思路。

2. 根据相关数据，运用改进的分析工具，对中西部地区的生态赤字情况、资源节约指数、环境友好指数、环境效率及其与经济发展的关系，进行了量化分析及比较；通过文献研究和专家访谈，将资源节约型、环境友好型（以下简称“两型”）行为及影响因素整合到统一的研究框架中，构建了“两型社会”公民行为模型，依此设计问卷，调查分析了面向中西部地区“两型社会”建设的公民行为状况。结果显示：中西部地区生态足迹逐渐增大，资源环境绩效与东部地区差距明显，中部地区环境友好度排名靠后；城镇居民“两型”消费行为总体水平较低，公民三类“两型”消费行为得分依次递减，得分最高的消费管理行为只有4分，即实施频率未达到“大多做到”，其次为劝说他人采取“两型”行为，得分最低的公民行为则未达到“偶尔做到”。据此制定了中西部地区“两型社会”建设战略体系，涵盖总体思路、战略定位、战略目标、战略任务、战略重点、战略协调、战略实施主体群和具体路径及控制。

3. 通过中西部地区480家典型工业企业“两型行为”问卷调查发现，大型企业往往更为重视环境和技术方面的投入；综合相关研究成果，构建了资源节约型、环境友好型工业（以下简称为“两型工业”）综合评价指标体系和模型，通过主成分分析发现，中西部地区“两型工业”发展水平总体偏低且参差不齐。据此结合发达国家或地区的成功经验，制定了涵括战略目标、重点任务和对策措施的中西部地区“两型工业”发展战略。

4. 通过中西部地区农户调研发现，农户受教育程度、收入水平与农业资源使用、减排效率呈显著正相关关系；运用清单分析法详细考察了东中西部地区的农业3种污染物的排放量，发现中西部地区是我国农业污染排放的主要地区，进而将这些农业污染排放结果作为农业环境因素，运用方向距离函数法分析了中西部农业的绿色技术效率和绿色生产率，并设定不同的农业增长和减排模型及组合，探讨了中西部地区资源节约型、环境友好型农业（以下简称“两型农业”）的未来最佳路径。据此制定了中西部地区“两型农业”的发展目标和基本战略。

5. 将空间集聚概念引入创意阶层理论，首次运用岭回归方法（排除了变量间多重共线性问题），实证研究了创意阶层（包含于人口中的特殊高端人才）空间分布的影响因素，以及其空间集聚对经济增长的影响。结果显示：创意阶层的分布具有与经济发达程度非同步性，并且存在区域分布的显著差异性；创意阶层的区域空间分布主要受到区域创新氛围、人文和生态环境三方面的影响；创意阶层集聚对区域经济增长显著为正（东北地区较为特殊），集聚效应都在1%的显著水平上，东部地区创意阶层集聚的增长的总体效应明显高于中西部地区，但是其边际增长效应却低于中西部地区，说明东部地区创意高端人才的存量很大，但是中西部地区最近几年对创意高端人才的强力引进，造成人际集聚效应优势明显；中西部地区应从影响因素着力，吸引、培育创意阶层，打造“创意城市”，以提升区域竞争力和可持续发展能力。

6. 运用三阶段最小二乘法探讨了我国城镇化对碳排放的影响及其地区差异，从消费模式、经济结构、基础设施和区域发展政策等角度说明了加快城镇化与保护资源环境的兼容性。就全国整体和中西部地区而言，城镇化水平的提高将有利于实现碳减排和环境友好。

7. 研究提出了中西部城市群“东部更向东，中西部联合”的发展战略，以及中西部地区城市群中小城镇及其体系的发展对策。并提出：目前我国城镇化正面临重要的战略抉择，需要在集约、智能、低碳、均等上着力，积极稳妥推进城镇化发展转型：（1）扭转“造城运动”，推动城镇建设集约化；（2）完善城镇基础设施，推动城市发展智能化；（3）多管齐下治理污染，实现城镇绿色低碳化；（4）多种制度联动改革，实现城镇服务均等化（全国哲学社会科学办公室《成果要报》2013.03）。

8. 运用自组织特征映射网络方法（SOFM），将目前中国主要城市空间形态分为界内高密度混合利用式等五种类型。同时分析了不同城市空间形态因其不同的密度、紧凑度、用地多样性、绿地比重等对居民生活碳排放的不同影响，进而提出面向低碳的城市空间形态优化策略：通过科学的空间规划，提高土地混合利用、构建绿色公交网络、建立生态单元与楔形绿地系统，以从源头、过程和结果三方面降低居民生活碳排放。

9. 采用指数分解方法实证研究了城市居民低碳消费方式的影响因素，发现能源消费结构、能源价格、人均消费水平、人口结构、人口规模、能源消费支出占比等因素影响城市居民对低碳消费方式的选择，提出要以日用节能、交通节能、建筑节能、饮食低碳化为主要内容发展低碳消费的新型生活方式。

10. 已有的节约指数、环境友好指数、经济社会发展指数等评价方法和模型，主要侧重资源、环境、经济社会某一维度的评价。本研究在分析、提炼、综合这些方法和模型的基础上，引入二氧化碳排放强度等，构建了涵盖“两型社会”指数测算、协调性评价和状态识别的“两型社会”建设综合评价的新方法和 E^2R 模型，用来实证评价中西部地区乃至全国的“两型社会”建设状态、进程以及各维度之间的协调性，分析中西部地区“两型社会”建设的区域差异及努力方向。

11. 建立区域污染控制绩效评价模型、运用 ExternE 模型，实证评价、对比分析了中西部地区区域污染控制绩效和污染所造成的环境外部成本及政策启示。中西部地区的污染控制绩效与东部地区存在较大差距，要从产业结构调整、产权结构改革、产业进入限制、污染治理投资、自主研发投入等方面入手，予以改善。2011 年，中西部地区大气污染造成的损失高达3 077亿元，要改变这种状况，必须重视县域大型工业项目的选址及完善生态补偿机制。

12. 提出环境规制对“两型社会”建设的影响机制概念模型，实证分析了命令控制、市场激励、信息披露、自愿性规制、公众参与、国际环境参与等环境规制要素，以及产业结构变量、产权结构变量、技术创新变量、国际贸易变量以及外商投资变量等控制变量对“两型社会”建设的影响及其对中西部地区的政策启示，都为优化环境规制手段、促进“两型社会”建设指明了方向。

13. 对促进中西部地区“两型社会”建设的支撑体系提出诸多新的对策建议。如：(1) 构建中西部地区资源、劳动力优势与东部资金、技术优势之间的“二元互换”体系，以及中央政府扶持、东部地区支援与中西部地区自力更生的“三位一体”体系。(2) 推进援助型贫困县向激励型贫困县转型。现行“贫困县”制度及相关政策的导向是重“贴补”轻“激励”。应将扶贫资金改为“两型社会发展县”专项资金，加强对贫困地区“两型社会”发展的正向激励，增强贫困地区的自身发展能力。(3) 从“两型社会”建设战略的要求出发，科学规划、系统实施、有效运营中西部的基础设施建设，建立和实行中西部地区包括加速折旧在内的基础设施和基础工业特别折旧制度，不断增强其自我积累和自我发展能力。(4) 改革企业所得税分享制度。现行企业所得税分享制度与“两型社会”建设存在一些矛盾。需要通过改进“两型企业”认定办法和分类标准，调整现行企业所得税分享比例，规范和健全财政转移支付，以充分调动地方政府和企业建设“两型社会”的积极性，更好地促进“两型社会”建设（全国哲学社会科学办公室《成果要报》2010. 10)。

14. 通过中西部地区 20 个个案和 3 个跨案的定性及量化研究，建立了具有示范和推广价值的案例库。同时发现：中西部地区“两型社会”建设具有一定的共性，如以政府为主导建立起“两型社会”的硬环境和软环境，完善基础设施建设并推动科技进步，构建“两型社会”建设的法律环境和制度环境，并强化其宣传及实际影响。另一方面又具有个性，中西部地区需根据其具体的发展现状，结合自身的资源条件、区域条件、产业格局、区域创新能力等客观因素推动其发展。

15. 通过实地调查和文献调研，建立了全面可靠、具有特色的专题数据资料库。包括：资源、环境、社会经济发展等相关数据库；运用新方法标准化后的有关数据；估算得到的我国省际二氧化碳排放和农业污染物排放数据库；“两型”政策数据库；中西部地区公民行为、企业行为数据库等。

这些创新性探索及其成果饱含了课题组数十位同人的智慧和汗水，贯穿于本丛书的字里行间。现将本丛书付梓，期望能对“两型社会”、和谐社会、生态文明建设的理论研究和社会实践有所贡献，祈望同行及读者对书中的疏漏和偏颇之处予以指正。

对中西部地区“两型社会”建设战略的研究是放在我国“两型社会”建设视野下进行的，而且“两型社会”建设直接关联着我国生态文明建设，是深入贯彻落实科学发展观和推进生态文明建设的重大战略举措。有鉴于此，本丛书以“生态文明与资源节约型和环境友好型社会建设丛书”冠名。

黄志斌

2014 年 8 月于安徽合肥

目　录

第一章 导 论

改革开放以来，伴随着我国经济的迅猛增长，生态、资源与环境问题日益凸显。党的十八大提出全面建成小康社会的五个新要求，其中之一就是要求资源节约型、环境友好型社会建设取得重大进展[①]。2013 年 5 月习近平在中共中央政治局第六次集体学习时强调：坚持节约资源和保护环境基本国策，努力走向社会主义生态文明新时代。目前，中西部地区正处于新型工业化与新型城镇化的快速发展时期，资源节约与环境保护的任务十分艰巨，“两型社会”的发展有其内在的产业和技术成长规律，需要具备一定的产业和技术基础及较为完善的支撑体系。如何构建中西部地区“两型社会”建设战略的支撑体系，加快中西部地区“两型社会”及生态文明建设的步伐，受到公众、政府及学者的高度关注。本章作为中西部地区“两型社会”建设战略的支撑体系研究的开篇之论和出发点，首先阐述我国中西部地区“两型社会”建设战略及支撑体系的研究背景及意义；然后站在系统设计的高度，主要研究总体建设思路及主要建设目标；最后提出中西部地区“两型社会”建设战略支撑体系总体架构及研究重点。

第一节 研究背景及意义

厘清研究背景及意义是确立课题研究合理性所必需的。“两型社会”建设战略的研究背景与其支撑体系的研究背景是一致的。本节拟从国际、国内、区域三个层面来阐述我国中西部地区“两型社会”建设战略及支撑体系的研究背景，进而简述其研究意义。

① 胡锦涛. 坚定不移沿着中国特色社会主义道路前进 为全面建成小康社会而奋斗——在中国共产党第十八次全国代表大会上的讲话［N］. 人民日报，2012-11-18.

一、研究背景

20世纪中后期以来，随着世界工业化与城市化进程的不断深入，资源短缺、环境污染、生态失衡等问题日益成为制约各国经济社会发展的瓶颈。地球上约2/3的自然资源面临枯竭，沼泽、森林、草原、河口、天然渔场和其他一些动植物赖以生存的自然环境正在遭受难以挽回的破坏。环境污染正从以往的点状逐步扩大为区域性，逐渐演变为全球性污染。目前国际存在的资源环境问题主要有：臭氧空洞、温室效应、生物多样化破坏、不可再生资源的枯竭等。面对这些问题，国际组织和各国都采取了积极的对策。我国作为负责任的大国，将“两型社会”建设付诸实践不仅有利于中国的生态文明建设，而且可以为人类的可持续发展做出贡献。在此国际国内背景下，对中西部地区“两型社会”建设战略及其支撑体系的研究也就成为我国学术界必须肩负的重要任务。

（一）国际背景

1.《维也纳公约》与《蒙特利尔议定书》

联合国于1985年召集成员国签署《维也纳公约》，并于1987年签署《蒙特利尔议定书》。《蒙特利尔议定书》是为保护臭氧层，管制国际臭氧层破坏物质的使用，并逐年禁用破坏臭氧层物质为目的而订立的。该公约管制物质的项目和时程已经经过多次修改，目前管制的项目有：全氟氯碳化合物（CFCs）、海龙（Halons）、四氯化碳、非全氟氯碳化合物（HCFCs）、非全氟溴碳化合物（HBFCs）、三氯乙烷及溴甲烷等。该议定书有贸易限制的规定，各国须加强管制臭氧层破坏物质的使用，以避免产品输出时遭遇非关税性的环保障碍。

2.《巴塞尔公约》

为了能系统管制有害废弃物的运送、回收及处置，实现环保目的，联合国于1989年召集签署《巴塞尔公约》。被管制的有害废弃物涵盖的种类相当广泛，从医疗废弃物、金属废料到有机卤化物等。该公约强调“责任延长”及“妥善处置”的原则，有害废弃物的产生者必须负起妥善处置的责任，其责任并不能因委托处置而卖断或转移。

3.《生物多样化公约》

联合国于1992年在巴西里约热内卢举行的环境与发展会议期间，召集签署《生物多样性公约》。依照公约的规定，各国对其国内的生物资源拥有主权，但也有责任保育其国内生物界的基因、物种、生态系统以至于地景的多样性，以便全民永续、公平、合理地分享生物资源所产生的惠益。

4.《二十一世纪议程》

《二十一世纪议程》是1992年联合国在巴西里约热内卢举行的环境与发展会议上，根据可持续发展理念所提出的作为各国行动纲领的文件。联合国要求各成员国提交可持续发展国家规划报告或二十一世纪议程，它的内容主要包含四大部分：一是社会经济面，包括消除贫穷、改变消费形态、保护并合理使用森林资源、保护人类健康以及把环境与发展议题纳入决策过程；二是资源保护与管理，包括综合性土地资源利用、保护并合理使用森林资源、保护山区生态系统以及保护管理水资源；三是参与成员的加强，加强妇女、劳工、农民以及企业界等的参与角色；四是实施方法，资金来源、创造环境友好技术、提升环境意识、制定国际法规工具与机制以及建立全球信息体系等。

5.《全球气候变化纲要公约》及《京都议定书》

《联合国气候变化框架公约》是1992年5月在联合国纽约总部通过的，其最终目标是“将大气中温室气体的浓度稳定在防止气候系统受到危险的人为干扰的水平上”。1997年在日本京都召开的《气候框架公约》第三次缔约方大会上通过的《京都议定书》，明确其目标是“将大气中的温室气体含量稳定在一个适当的水平，进而防止剧烈的气候改变对人类造成伤害”。然而，在2011年12月举行的德班大会上，多个发达国家却反对接受《京都议定书》，加拿大明确提出要退出《京都议定书》，不再续签第二承诺期。

6.“环境2010：我们的未来，我们的选择”的“行动计划”

该行动计划是欧盟环保行动的基石，从2001年持续到2010年。其内容主要包括：解决气候变化及全球变暖问题；保护自然栖息地及野生动植物；处理环境及健康问题；保护自然资源并管理废弃物。着重强调：

对于现存的环保法律要认真执行，对于以后所有相关政策（如农业、发展、能源、渔业、工业、内部市场、运输等）都要将环境因素考虑进去；提高合理使用土地的意识以保护自然栖息地及风景，并将城市污染减少到最低程度；要求企业与消费者密切参与制订解决环境问题的方案并为人们提供所需的信息，帮助人们做出对环境有利的选择。

7.《锡拉库萨宪章》

2008 年 5 月在日本神户召开的八国集团（G8）环境部长会议以气候变化、生物多样性和 3R（减量化、再利用、再循环）为主要议题；2009 年，八国集团环境部长会议在意大利西西里岛锡拉库萨市举行，在气候变化方面，会议重点探讨使用化石燃料的新技术以及南北携手可持续发展问题，发表了《锡拉库萨宪章》，各国在宪章中将承认保护生物多样性的重要性，并就应对气候变化问题达成框架协议。

8. 世界自然基金会生态足迹评估

目前，一些国际组织已经开展了全球以及国别的环境资源评估，如世界自然基金会（WWF）发布的《地球生命力报告》、联合国环境署发表的《全球环境展望》和联合国开展的《千年生态系统评估》等。生态足迹是衡量人类对水、能源、土地等自然资源消耗的指标，其研究表明人类持续过度消耗资源导致地球处于生态超载状态。WWF 从 2008 年开始用生态足迹工具衡量城镇化的资源环境挑战。作为平衡人类对自然资源需求和消耗的有力工具，生态足迹可以为区域环境政策的制定以及生产、消费模式的选择提供更多参考。WWF 发布的《中国生态足迹报告 2012》指出，中国是目前全球生态足迹总量最大的国家，人均生态足迹大约是中国生态承载力的两倍多。自 2003 年以来，人均资源消费成为中国生态足迹增长的主导因素；2008 年，中国 38% 的生态足迹源于固定资产投资的资源需求①。尽管这些数据未必能准确反映中国生态足迹的实情，但对我国社会经济发展的战略抉择是一个很好的警示。

在此国际背景下，推进我国中西部地区"两型社会"支撑体系建设将顺应时代潮流，加快中西部地区"两型社会"建设战略实施及生态文

① WWF 报告称中国生态足迹全球最大［EB/OL］. http：//www. chinaenvironment. com，2013-08-08.

明建设的进程，惠及广大人民群众，同时彰显我国在国际环境合作中所承担的“共同但有区别的责任”及其表率作用。

（二）国内背景

1. 我国资源环境现状

我国的基本国情是人口众多、资源相对不足且利用率比较低下。从人均资源占有量来看，我国人均主要资源占有量不足世界平均水平的1/3～1/2。我国人均国土面积不足世界平均水平的1/3，人均耕地面积不足世界平均水平的1/4，人均拥有的矿产资源不足世界平均水平的1/2，资源利用率比国际先进水平低20%～30%[①]。由此可见，我国经济长期以来的快速增长很大程度上是依赖于粗放投入自然资源等生产要素实现的，而且资源消耗和浪费现象也十分严重。从资源供给角度来看，资源的有效供给是国家经济安全的重要支撑。随着我国工业化、城镇化的加速发展，对资源的需求势必逐年增长，资源短缺问题可能日渐严重。矿产资源自我供给的比例及其外部依存度的高低对于长期宏观经济的波动和社会经济的稳定发展有着重要影响。2008年冬季因雪灾引发的煤炭南下运输中断，直接造成了南方工业、生活用煤的极度紧张；2009年山西省开始的煤炭产业重组，使煤炭产量出现短暂性的大幅下滑，引发了多省拉闸限电和优先保障生活用煤等现象；2010年淡水河谷、力拓、必和必拓三大铁矿石巨头不进行真正的铁矿石价格谈判，而是直接向客户报价，开出要价暴涨约90%，并变年度长协议为短期合同，这让全球钢铁企业都难以承受。而伴随着居民收入不断提高带来的消费结构变化以及长期以来过度依赖资源投入的经济增长方式难以短期转变，资源消费的需求和实际供给不足之间的矛盾将进一步扩大，煤荒、油荒等以矿产资源为核心的供应短缺成为近些年伴随中国经济成长的一种重要现象。虽然近年来，由于经济结构的调整，对煤矿等资源的需要相对下降，但从相当长的时期来看，我国的矿产资源仍然相当缺乏，如果不构建相应的支撑体系，大力促进资源节约型社会建设，我国经济增长将会受到很大制约。

① 周庆行，赵文秀．解读“两型”改革试验区［J］．武汉学刊，2008（4）：40-44.

2. 我国经济发展方式转型的客观要求

《中华人民共和国国民经济和社会发展第十二个五年规划纲要》中提出，要“坚持把建设资源节约型、环境友好型社会作为加快转变经济发展方式的重要着力点”①。党的十八大报告强调，“要加快完善社会主义市场经济体制和加快转变经济发展方式”。不顾资源节约、环境保护来搞经济社会发展，无异于竭泽而渔，面对着资源瓶颈、环境压力加大的挑战，必须及时转变资源利用方式和经济发展方式，寻求新的社会发展模式，即建设“两型社会”，否则资源难以为继，环境难以承受，经济社会难以持续发展。建设“两型社会”，是当代社会的发展方向，实现经济发展方式的“两型”化转型，已经成为综合国力竞争、争夺国际发展制高点的一场新竞赛和影响经济未来发展潜力的重要因素。

3. 低碳经济发展趋势的推动

改革开放以来，我国经济实现了突飞猛进的增长，但“高能耗、高污染、低产出”的粗放型增长方式，也造成了资源日益短缺、环境污染不断加剧、生态恶化日趋严重等生态环境问题。科学有效地发展低碳产业是解决我国生态环境问题、顺应世界产业发展潮流的必然要求。哥本哈根气候会议围绕节能减排的争议和中国关于节能减排的承诺，也预示着中国产业发展对碳排放的控制将是区域或城市经济关注的重点和焦点。

我国《国民经济和社会发展第十二个五年规划纲要》对节能减排提出了明确的目标：“非化石能源占一次能源消费比重达到1%；单位国内生产总值能源消耗降低16%，单位国内生产总值二氧化碳排放降低17%；主要污染物排放总量显著减少，化学需氧量、二氧化硫排放分别减少8%，氨氮、氮氧化物排放分别减少10%；森林覆盖率提高到21.66%，森林蓄积量增加6亿立方米。”② 发展低碳经济，建设低碳城市，是节能减排，推动经济生态化、持续化发展的必由之路。而“两型社会”及其支撑体系建设能够保障生产、分配、消费在内的社会再生产

---

① 中华人民共和国国民经济和社会发展第十二个五年规划纲要［J］. 中国乡镇企业，2011（4）：9.

② 中华人民共和国国民经济和社会发展第十二个五年规划纲要［J］. 中国乡镇企业，2011（4）：10.

全过程的低碳化。

（三）区域背景

1. 西部大开发战略的进一步推进

西部大开发战略启动的10多年来，西部地区取得了重大的成就，包括基础设施、生态环境建设与保护得到加强，产业发展呈现良好的势头。西部地区经济社会发展虽取得了令人瞩目的成就，但毋庸讳言，西部地区与东部地区经济社会发展的绝对差距仍在不断扩大，交通基础设施落后、物流成本高、生态环境脆弱、部分地区水资源严重缺乏的瓶颈制约仍然存在，产业结构低端化、自我造血功能不足、人才流失严重的状况仍然没有得到根本改变，贫困人口数量多、面积大，基本公共服务能力仍然十分薄弱，新疆等少部分地区维稳形势依然复杂严峻。2012年2月，国务院批复同意了自2000年以来的第三个西部大开发五年规划——《西部大开发"十二五"规划》。随着政府主导下的西部大开发战略的持续深入，可以预见西部地区显著的经济增长，但是与此同时，西部地区也将迎来资源利用的高峰，资源短缺和由此引致的环境污染挑战也将会日渐凸显。在今后的20年里，在前段基础设施改善、结构战略性调整和制度建设成就的基础上，西部地区要进一步推进经济发展方式的转变，实现由高消耗、高排放、低收益的粗放式的工业化发展模式向低消耗、低排放、可持续、高收益的集约化的工业化发展模式转型。

2. 中部崛起战略的大力实施

自2006年"中部地区崛起"战略实施以来，中部地区经济社会发展取得了长足的进步，经济实现了较快增长，总体实力大幅提升，产业结构调整取得积极进展，"两型社会"建设成效显著。随着新型工业化、新型城镇化的深入推进，面临着我国外需不振、内需不足、经济增长放缓的"新常态"，中部地区广阔的市场潜力和承东启西的区位优势将会进一步得到发挥；随着现代通信技术、生物技术、材料技术、智能制造技术等的快速发展，国际国内产业发展出现一系列的新变化，产业分工出现了新趋势，为中部地区承接国内外产业转移、推动本地产业的优化升级创造了良好机遇。但也必须认识到，中部地区经济总量偏低、产业结构不优、城镇化水平不高、对外开放不足、资源环境约束强化等矛盾和问题依然突出，实现中部地区崛起的任务依然艰巨，实现经济增长方式转型任重而道远。与此同时，面对中部崛起可能带来的资源和环境问题，中部地区需要建立健全相应的支撑体系，以转变经济发展方式，着力“两型社会”建设战略的实施。

3. 各类相关综合配套改革试验区和承接产业转移示范区的陆续设立

“国家综合配套改革试验区”的设立是我国在经济社会发展的新阶段，在科学发展观的指导下，为促进地方经济社会发展而推出的一项新的举措。截至2013年4月，国务院已经批准的与中西部地区相关的国家级综合配套改革试验区主要有：成渝全国统筹城乡综合配套改革试验区，武汉城市圈、长株潭城市群全国资源节约型和环境友好型社会建设综合配套改革试验区，山西省国家资源型经济转型综合配套改革试验区，黑龙江省现代农业综合配套改革试验区等。它内在地要求中西部地区实现经济发展、社会发展、城乡关系和环境保护等多个领域的改革，建立健全“两型社会”建设战略的支撑体系，形成相互配套的管理体制和运行机制，并予以辐射推广。

此外，近些年来，国家还批准设立了安徽皖江城市带、广西桂东、重庆沿江、湖南湘南、湖北荆州等一系列承接产业转移示范区，以促进产业转移与产业结构升级。随着政府主导下的东部地区产业转移的持续深入，中西部地区将会获得显著的经济增长，但中西部地区也将面临资源短缺和环境污染的问题，若不建立健全相应的支撑体系，推进“两型社会”建设战略的实施，将会“有增长而无发展”，造成资源环境恶化的“无未来的增长”。

4.《中国农村扶贫开发纲要（2011 — 2020年）》等政策的实施

为实现2020年全面建成小康社会的奋斗目标，《中国农村扶贫开发纲要（2011 — 2020年）》将中西部集中连片特殊困难地区作为扶贫攻坚的主战场。2014年1月，中共中央办公厅、国务院办公厅印发《关于创新机制扎实推进农村扶贫开发工作的意见》，要求深入贯彻党的十八大和十八届二中、三中全会精神，改进贫困县考核机制，建立精准扶贫工作机制，健全干部驻村帮扶机制，改革财政专项扶贫资金管理机制，完善金融服务机制，创新社会参与机制。进一步整合力量、明确责任、明确目标，组织实施扶贫开发10项重点工作，分别是：村级道路畅通、饮水安全、农村电力保障、危房改造、特色产业增收、乡村旅游扶贫、教育扶贫、卫生和计划生育、文化建设和贫困村信息化[①]。这些政策的实施将助力中西部地区“两型社会”建设战略支撑体系的搭建。

二、研究意义

从上述研究背景的梳理可见，国际、国内、区域的各种环境规制、发展规划尽管未明确提出“两型社会”建设战略支撑体系的概念，但都不同程度地涉及有关内容。本研究将因应国内外发展趋势，根据我国及中西部地区“两型社会”建设的要求，按照本丛书的总体设计，广泛占有相关数据资料，系统梳理和分析中西部地区在科技、教育与人才支撑体系，基础设施支撑体系，资源节约型、环境友好型产业（以下简称“两型产业”）政策、资源节约型、环境友好型科技（以下简称“两型科技”）政策、“两型”教育与人才政策、资源节约型、环境友好型消费（以下简称“两型消费”）政策等支撑体系以及合作与协调支撑体系等方面的现状与问题，研究支撑体系建设的发展重点，进而提出支撑体系建设的政策建议。这不仅能深化“两型社会”建设战略支撑体系的研究，丰富“两型社会”建设战略支撑体系内容，而且能为中西部乃至全国的“两型社会”建设战略的实施提供抓手、保障和决策参考。

第二节 总体建设思路

中西部地区“两型社会”建设战略支撑体系的总体思路包括以下三个方面：第一方面是积极促进中西部地区特色发展、协调发展和绿色发展的统一；第二方面是有效推进中西部地区实现科技优先、经济主导和社会联动的超循环发展；第三方面是以政策支持、机制保障和制度规范为基础，转变观念，推动经济社会发展方式的“两型”化转变。

---

① 《关于创新机制扎实推进农村扶贫开发工作的意见》印发［EB/OL］. http：//www. gov. cn/jrzg/2014-01/25/content_ 2575505. htm，2014-01-25.

一、特色发展、协调发展、绿色发展

特色发展就是中西部地区应依据自身的比较优势和区位特征，扬长避短，突出重点，构建特色鲜明的经济社会发展模式，形成具有特色的产业、生态、文化和人居环境。如在整合当地资源、发展产业集群方面，不仅要将当地的特色物质资源作为集群发展的基础，而且要把特有的历史社会文化资源整合到产业集群的资源体系之中。这既是真正形成产业特色的关键，也是解决各产业集群之间存在的产业重构和过度竞争的关键。因此，中西部地区“两型社会”建设战略支撑体系的构建，必须在依照全国“共性”进行进一步完善的同时，充分考虑塞外之风、天府之彩、湘鄂之情、皖江之韵等自身的个性，能够支撑中西部地区“两型社会”的特色发展。

协调发展即协调处理好各方面的发展关系，例如中西部地区新型工业化、新型城镇化与新农村建设的关系，经济与人口资源环境协调发展的关系，重点突破与均衡发展的关系，当前与长远的关系。同时，中西部各地区在基础设施建设、市场经济建设和生态环境建设上要实现充分对接，积极谋求中西部各地区内部的协调同步发展，积极引导生产要素跨地区合理流动，优化资源配置，提高整体经济效益和环境效率。在积极参与东部地区的产业转移的过程中，不断地将潜在优势因素显化，突显后发优势，实现跨越式发展战略。中西部地区“两型社会”建设战略支撑体系不仅自身要协调，而且能够促进中西部地区“两型社会”的协调发展。

绿色发展作为当代发展的趋势是人与自然日趋和谐、绿色资产不断增殖、人的绿色福利不断提升的过程，其要点在于促进经济发展方式加速转变。中西部地区要建立和完善有利于绿色发展的体制机制，加快建立绿色技术创新体系，牢固树立追寻自然、天人和谐和以人为本的生态文明理念，加强国际合作交流，从而进一步完善中西部地区“两型社会”建设战略支撑体系，促使清洁生产、低碳排放为特征的新的经济增长点得以壮大，绿色经济得以发展，绿色资产得以增殖，人民绿色福利得以提升，生态文明得以拓展。

二、科技优先、经济主导、社会联动

科学技术是第一生产力，是发展资源节约型、环境友好型经济（以下简称“两型经济”）的第一要素和最重要源泉，无论是减量化、再利用、再循环，还是引导绿色消费、发展环保产业，都离不开科技进步。科技优先就是指把科学技术置于“两型社会”建设中优先发展的战略地位。中西部地区要深入贯彻落实科学发展观和党的十八大精神，按照“两型社会”建设的要求，进一步完善科技政策尤其是“两型科技”政策，大力促进科技创新，充分发挥科技的支撑作用，使科技创新成为“两型社会”建设的核心推动力。

另一方面，中西部地区“两型社会”建设要通过调整产业结构、转变发展方式，建立低碳与生态经济体系，使产业空间布局合理化、生态与经济双优耦合，实现经济向低碳化、生态化转型，获得最佳的综合效益。经济主导就是指以经济建设为中心，坚持发展是硬道理、发展以“又好又快”为取向的战略思想。中西部地区“两型社会”建设战略支撑体系要积极推进经济结构调整和经济发展方式的根本性转变，促进产业结构的高级化与合理化，逐步形成以现代农业为基础、战略性新兴产业与高新技术产业为先导、基础产业和制造业为支柱、现代服务业快速发展的“两型产业”发展格局。

“两型社会”建设的主体包括政府、企业、社会组织和公众，“两型社会”建设战略的实施需要以这些主体之间的联动为支撑。社会联动就是要形成“政府主导、企业推进、社会组织践行、公众参与”的运行系统，使“两型社会”建设的主体作用充分发挥、有机关联、循环增强。在中西部地区“两型社会”建设战略支撑体系的构建中，要明确政府、企业、社会组织和公众各自的责任和义务，形成四者之间有效的协作关系与良性治理结构①，从而推进“科技—经济—社会—生态”的超循环发展。

---

① 吴焕新，彭万力．“两型社会”建设的经济发展战略选择与对策思考［J］．湖南社会科学，2008（9）：99.

三、政策支持、机制保障、制度规范

政策、机制、制度对社会经济发展具有重要影响。因此，中西部“两型社会”建设战略支撑体系的构建必须考虑政策支持、机制保障和制度规范的问题。

支撑中西部地区“两型社会”建设的政策体系，可以按照政策制定的一般框架，从基本政策、核心政策和基础政策三个层面着眼。

基本政策是普遍适用于“两型社会”建设的最根本的指导政策，其目的是确定“两型社会”建设的战略地位，提出“两型社会”建设的总体战略目标、战略步骤、主要制度和措施，以利在社会经济发展中贯彻“两型社会”建设的理念、原则和方法。它是构成核心政策和基础政策创新的法律基础。

核心政策是对“两型社会”建设起直接推动作用的政策，政策形式包括法律法规、技术标准、经济激励与约束手段和行政监督管理制度等类型。任勇等人曾提出，核心政策包括八大类：生态工业政策；生态农业政策；废弃物回收、再利用、资源化和无害化产业政策；绿色消费和绿色服务业政策；环境友好型产品标识政策；资源节约型和环境友好型基础设施和建筑政策；环境保护政策；再生能源和资源能源节约政策①。支撑中西部地区“两型社会”建设战略实施的核心政策，要结合中西部地区的特点，依此加以细化和具体化。

基础政策是指更大程度为“两型社会”建设的重点领域实践创造良好制度环境的政策，任勇等人在研究中将其分为基本经济制度与宏观经济政策、基础性激励政策、绩效考核政策等三大类。具体而言，基本经济制度与宏观经济政策包括经济结构调整政策、绿色贸易政策和有利于资源环境保护的产权制度；基础性激励政策包括绿色财政、绿色金融、绿色税收和绿色价格政策；考核政策包括绿色国民经济核算制度、绿色

---

① 任勇，周国梅，陈燕平．从我国国情探索循环经济的发展模式［N］．中国环境报，2005-05-24；李华友，任勇．中国发展循环经济的政策框架［J］．环境经济，2006（4）：50-51.

会计制度、绿色审计制度及干部考核制度等①。支撑中西部地区“两型社会”建设战略实施的基础政策，同样需要结合中西部地区的特点加以细化和具体化。

在机制保障方面，第一是要将“社会联动”机制化，形成多维共建的动力机制。构建政府、市场的协力机制，充分发挥政府在中西部地区“两型社会”建设中的引导、服务和主导作用，同时充分发挥市场在资源配置中的决定性作用，与政府作用形成合力，“又好又快”地推进中西部地区的“两型社会”建设；构建政府之间的沟通与合作机制，超越以行政区划分界限的区划行政思维，树立区域行政的观念，通过政府间合作、协商来共同解决跨行政区划的公共问题；构建企业、社会共促机制，明确企业、社会在城乡生态建设和环境保护中的地位、责任，并着力建立与经济发展水平相适应，以财政投入为主，企业、社会多元化投入的“两型社会”发展机制。第二是要完善协同共进的协调机制。完善规划协调机制，借以对中西部地区“两型社会”建设的空间布局、资源的流动和配置、生态环境的治理进行统筹安排；完善决策协调机制，借以对公共决策的实行予以协商和沟通。第三是要构建均衡的扶持机制。建立发达经济体的产业辐射机制，引导各经济体在产业结构上的协作方式，在合理分工的基础上形成工业一体化的发展格局；建立公共服务建设的延伸机制，引导和支持落后地区公共服务水平的提升；建立技术转移的良性机制，引导和支持落后地区及经济体的技术进步。

在制度规范方面，要建立健全有关资源节约和环境友好的制度安排与法律法规体系；建立完善集经济激励与经济约束、公共服务与行政监督管理于一体的政策体系；制定和实施强制性标准与自愿认证标准相结合的行业、企业、产品的资源能源消耗的技术标准体系；制定“两型社会”建设长期发展战略、发展规划与短期的计划目标，强化公共服务与政府监管。同时，要对已有的法律、法规、政策及惯例进行系统梳理，修订、废除不利于中西部地区“两型社会”建设的各种制度性安排，创

---

① 任勇，周国梅，陈燕平．从我国国情探索循环经济的发展模式［N］．中国环境报，2005-05-24；李华友，任勇．中国发展循环经济的政策框架［J］．环境经济，2006（4）：50-51.

新、增添有利于“两型社会”建设的制度安排。一是按照有利于两型社会发展的要求，对现有的资源产权管理制度和资源定价制度、政策进行改革；建立行业的资源环境绩效标准和标识制度；建立资源能源密集型、重污染行业及产品的市场准入制度；建立生产者责任延伸制度①；不断完善绿色采购制度；建立有利于人力资源、知识资源、信息资源开发的政策法规，特别是健全知识产权保护体系和建立资源共建共享制度等②。二是根据“两型社会”建设的具体要求，对现有鼓励“两型社会”建设的制度安排进行深化、细化、量化、规范化、标准化、合理化、法制化与透明化，增强各种法规政策的科学性、公平性与实际可操作性。

第三节　主要建设目标

建立健全中西部地区“两型社会”建设战略支撑体系的主要目标，是促进“两型”生产、流通和消费体系的形成，以及“两型”经济社会共生体的构建和“两型”区域创新体系的发展，推进经济、科技、教育、人才、消费等朝着“两型”化方向发展，从而保障中西部地区“两型社会”建设战略的有效实施。

一、促进“两型”生产、流通和消费体系的形成

中西部地区建设“两型社会”就是要使区域内生产、流通、消费诸环节资源结构得以优化、利用效率得以提高，污染物排放量得以降低，废弃物得以循环利用或者至少进行无害化处理，取得经济增长与环境质量提升的双重红利，谋求人与自然的和谐发展以及社会、经济、生态可持续发展。建立健全中西部地区“两型社会”建设战略支撑体系的首要目标是促进新的“两型”生产、流通和消费体系的形成。

中西部地区“两型社会”建设战略支撑体系要有利于新的生产方

---

① 王毅．发展循环经济存在的问题与优先制度安排［J］．民主，2006（8）：21.

② 吴焕新，彭万力．“两型社会”建设的经济发展战略选择与对策思考［J］．湖南社会科学，2008（9）：101.

式的推行。新的生产方式就是"低投入、低消耗、低污染"的经济发展方式。中西部地区构建新的生产方式就是要求改变"高投入、高消耗、高污染"的经济发展方式，研究开发绿色科技、实行绿色设计和运用绿色工艺，推行清洁生产；改变传统的"先污染，后治理"的发展模式，从源头上控制污染物的产生，并注重废弃物的处置和回收利用，从根本上解决经济发展和环境保护之间的矛盾；要求在投入一定的条件下，实现产出最大化，最大限度地开发和利用进入生产和消费系统的物质和能量，提高经济运行的质量和效益，减少单位产出对自然资源的耗费。

中西部地区"两型社会"建设战略支撑体系要着力于新的流通体系的塑造。新的流通体系的核心是建立统一开放、竞争有序的现代商品物流体系，深化地区间的专业分工，促进产业结构的优化升级。中西部地区构建"两型社会"现代流通体系，即通过流通产业的发展促进区域经济增长；加快流通速度，降低流通成本，减少无效流通，提高流通效率；创新流通管理体制，完善流通保障体系，实现流通体系的社会化、市场化、专业化、现代化与国际化；形成商流、物流、信息流、资金流协调运作的大流通格局；推动流通体系向低能耗、低物耗、低排放、低碳绿色环保的方向发展。

中西部地区"两型社会"建设战略支撑体系要致力于新的消费方式的践行。新的消费模式即"两型消费"模式，是指从生态文明建设的高度，以节约资源和保护生态环境为基本内涵，符合人的健康和环境保护标准的各种消费行为和消费方式的统称。中西部地区倡导新的消费模式，包括形成"两型消费"观念，倡导适度的消费水平，建立合理的消费结构，构建优良的消费环境，践行文明健康科学的消费方式。

二、推动"两型"经济社会共生体的构建

建立健全中西部地区"两型社会"建设战略支撑体系的另一个目标是推动"两型"经济社会共生体的构建。所谓"两型"经济社会共生体就是指不同共生单元在"两型社会"建设这个共生环境中，按照某种形式形成的相互依存的关系。只有建构可持续的合作机制，才能创造并形

成系统的、更高层次的组织机体，亦即“两型”经济社会共生体。“两型”经济社会共生体包括资源节约型、环境友好型社区（以下简称“两型”社区）、“两型”城乡共同体、生态型城市群和生态功能区四个共生单元。

社区建设是当代社会建设的重要抓手，中西部地区“两型社会”建设战略支撑体系要有利于“两型社区”的构建。“两型社区”是指社区居民在日常生活中始终贯彻资源节约和环境友好的基本要求，“两型社区”创建重在推动一种新的生活方式形成，提升居民的生活质量、提高居民的生态文明素质，完善社区服务，实行居民自治，以人为本，实现社区的可持续发展。构建中西部地区“两型社区”，即建设节约环保的“两型”生活设施，倡导文明健康的“两型”生活方式，完善便民利民的“两型社区”服务体系，形成运转有序的“两型社区”建设长效机制。

城乡一体化是我国现代化建设的题中应有之义，中西部地区“两型社会”建设战略支撑体系要有利于“两型”城乡共同体的构建。“两型”城乡共同体即以城镇和农村、工业和农业、经济和社会、发展和民生作为整体，统筹谋划市、县、乡、村四级发展。基础设施规划、产业发展规划、社会事业规划、生态环境保护规划“四规合一”，形成无缝对接的城乡规划体系。两型城乡共同体是“两型社会”的载体和标志。构建中西部地区“两型”城乡共同体，即发挥城镇在经济发展、科学技术、文化教育等方面的扩散效应，积极促进城乡基础设施建设，实现基本公共服务的均等化，城乡经济社会一体化。

构建“两型”城乡共同体的重要途径是新型城镇化的建设。《2013中国人类发展报告》聚焦于城镇化转型和生态文明建设，认为中国城镇化必须走可持续和宜居城市发展道路。《中国西部经济发展报告(2013)》指出，2012年末全国城镇化率为52.57%；其中东、中、西部地区城镇化率分别为56.4%、53.4%、44.9%。城镇化空间分布与经济发展往往是两者不平衡并存，如京津冀、长三角、珠三角三大城市群国土面积只有全国的2.8%，人口为全国的18%，而国内生产总值则占全国的36%，与整个中西部地区国内生产总值39%的占比所差无几。中西部城镇化率仍有10～15个百分点的提升空间，未来中西部地区将是加快城镇化建设的主战场[①]。《中国西部经济发展报告（2013）》显示，西部城镇化发展水平低，严重滞后于全国平均水平和东部、中部地区。西部地区在城镇化发展水平上与东部、中部地区存在明显的差距，且也滞后于自身的经济发展水平。从省际看，西部地区省与省之间城市化率差异较大，最高的重庆城市化率为56.98%，云南、甘肃及贵州的城市化率均在40%以下，而最低的贵州仅为36.4%。根据国家“十二五”规划的总体要求，“十二五”期间，我国城镇化率整体提高4个百分点。中西部地区城镇化水平低，应是我国未来10到20年间城镇化建设的重点区域。中西部地区，特别是西部地区的很大一部分区域，属于生态敏感区，环境承载力弱，就不能复制普通的城镇化模式，而要走新型城镇化道路。数据显示，2013年，中国“人户分离人口”达到了2.89亿人，其中流动人口为2.45亿人，“户籍城镇化率”仅35.7%左右。据测算，到2020年，中西部地区农民工所占比重可以提高8～13个百分点，在中部地区就业的农民工总量将增长900万左右，在西部地区就业的农民工总量将增长850万左右[②]。尽管西部地区城镇化发展水平滞后，但加速趋势初现。伴随着农民工返乡及产业资本西迁，中西部地区以人为本、科学发展、城乡一体的新型城镇化建设必将加速。

中西部地区“两型社会”建设战略支撑体系要有利于“两型”生态城市群的构建。生态型城市群是指按生态学原理实现经济、社会和自然三者协调发展，物质、能量和信息高效利用，生态良性循环的城市化发展模式[③]。2014年，李克强总理在《政府工作报告》中指出，今后一个时期，着重解决好现有“三个1亿人”问题，即促进约1亿农业转移人口落户城镇，改造约1亿人居住的城镇棚户区和城中村，引导约1亿人在中西部地区就近城镇化。这就意味着中西部地区要大力促进农业转移人口落户城镇，改造棚户区和城中村，更要大力发展宜居宜业的生态城

① 潘旭涛．如何使1亿人城镇化［N］．人民日报（海外版），2014-01-28.

② 本报记者霍文琦整理．数据链接［N］．中国社会科学报，2014-05-23.

③ 粟志远，马司平，王迎春，等．建设长株潭现代化生态型城市群［J］．中国城市经济．2009（1）；54-57.

市群。当前，国家正在推进长江经济带和丝绸之路经济带建设，长江中游城市群、成渝城市群、中原城市群、关中城市群已成为沿江、沿桥带动中西部地区崛起的国家级城市群。中西部地区要加强武汉城市群、关中城市群、重庆一小时经济圈、成德绵经济圈的四大生态型城市群建设，构建新的生态型城市群，做好生态型城市群的规划，确定经济功能和生态功能、生态资源的配置，发挥城市群经济的集聚和扩散功能，带动中西部地区的快速发展和绿色崛起。

生态功能区的建设是维护区域生态安全、建设生态文明的现实选择，中西部地区“两型社会”建设战略支撑体系要有利于生态功能区的构建①。生态功能区是指基于生态环境功能的分异性原则，根据各区域生态环境、地形地貌、土壤、植被、水文、资源禀赋及其利用方式、产业结构与产业布局、经济与社会发展模式等的不同，按照有利于社会经济长远发展、有利于生态环境保护的原则而确定的功能区类型。根据主体功能区建设的基本要求②，中西部地区应该选择与自身资源环境相适应的经济活动，实现经济、社会、资源环境三位一体的均衡发展。对于成渝城市群、长江中游城市群、中原城市群、长株潭城市群等资源环境承载能力较强、经济和人口集聚条件较好的区域进行重点开发。对于大小兴安岭森林生态功能区、三峡库区水土流失防治区等资源承载能力较弱、大规模集聚经济且关系到全国或较大区域范围生态安全的区域进行限制开发。而对于依法设立的各类自然保护区域要禁止开发。

三、助力“两型”区域创新体系的发展

建立健全中西部地区“两型社会”建设战略支撑体系还要以助力“两型”区域创新体系的发展为目标。目前，我国经济社会已进入转型发

---

① 根据国务院《全国生态环境保护纲要》（2000）和《关于落实科学发展观　加强环境保护的决定》（2005）的要求，环境保护部和中国科学院联合编制了《全国生态功能区划》，并于2008年7月发布。

② 2010年12月，国务院印发了《全国主体功能区规划——构建高效、协调、可持续的国土空间开发格局》（国发〔2010〕46号），这是我国第一个国土空间开发规划，是战略性、基础性、约束性的规划。

展时期，在经济增长的驱动力中，自然资源驱动、劳动力驱动、资本驱动模式行将退居次要地位，创新驱动的作用日益凸显。区域“两型社会”建设必须以“两型”区域创新体系为依托，以创新发展为驱动力。“两型”区域创新体系是指一个区域内由参与技术发展和扩散的企业、大学和研究机构组成，并有市场中介服务组织广泛介入和政府适当参与的一个为创造、储备和转让知识、技能和新产品而形成的相互作用的，为“两型社会”建设服务的创新网络系统。“两型”区域创新体系由主体要素（包括区域内的企业、大学、科研机构、中介服务机构和地方政府）、功能要素（包括区域内的制度创新、管理创新和服务创新）、环境要素（包括体制、机制、政府调控和保障条件等）三个部分构成，具有输出技术知识、物质产品和效益三种功能。建立中西部地区“两型社会”建设战略支撑体系须以促进“两型”区域创新体系的发展为目标。

中西部地区“两型社会”建设战略支撑体系要助力“两型”区域创新主体要素的培育：通过中西部地区“两型社会”建设战略支撑体系，积极引导企业在产品的研发设计、生产制造和营销服务诸环节中渗透“两型”理念；引导科研院所和高等院校主动开展资源节约型、环境友好型技术（以下简称“两型技术”）研究；加强企业、高等院校、科研院所、中介服务机构和地方政府、社会组织在“两型科技”研发中的交流与合作，形成企业主体，政府引导，官产学研一体，共建共享、合作、共赢的科技创新链条。

中西部地区“两型社会”建设战略支撑体系要助力“两型”区域创新功能要素的彰显：致力于中西部地区的科技服务创新，开展多渠道、多形式的“两型技术”开发、成果转让、技术咨询与服务、技术培训等活动；推进科技管理体制改革，建立宏观调控有力、管理程序规范、符合现代市场经济体制要求、符合科技自身发展规律的科技管理体制；进行科研院所和高校科研内组织结构与体制的改革，主要包括现代科研院所制度的建立、高校科研体制改革和人事制度的改革。

中西部地区“两型社会”建设战略支撑体系要助力“两型”区域创新环境要素的完善：致力于提升中西部地区“两型”科技水平的行政部门要实行上下联动、部门联合、统一协调的体制完善；改革创新型科技人才的培养和造就机制，催生素质优良、结构合理、富有活力的科技创新群体；充分利用国内外两种科技资源，深化科技合作与开放的机制改革，实行更加积极主动的开放创新战略；充分发挥中西部地区政府在“两型”区域创新规划和组织领导、创新发展战略的制定和实施、创新资源整合、创新基础条件平台中的主导和推动作用，优化政府调控功能；在保障条件方面，要深化中西部地区金融体制改革，提供企业“两型”技术创新融资担保。

第四节　总体架构与研究重点

中西部地区现在正处于工业化、城镇化快速推进的历史阶段，但在可预见的时间内，其初级阶段还将持续。中西部地区的“两型社会”建设，不能就“两型社会”论“两型社会”，必须同本地区的区域情况、发展阶段相结合，与经济、社会、政治、文化、生态、科技、教育等各方面和全过程相融合。中西部地区“两型社会”建设支撑体系的研究必须依此确定总体架构和研究重点。

一、总体架构

“两型社会”建设是一个庞大的系统工程，涉及建设的主体、客体和机制等多个方面。要发展“两型社会”，必须形成一套适应“两型社会”发展的支撑体系。“两型社会”支撑体系是为“两型社会”建设目标而服务的以经济手段、行政手段与法律手段为机制，由产业、消费、科教、人才、基础设施、政策、合作与协调等组成的有机系统。由此可以归纳出“两型社会”支撑体系的特点：(1）以“两型社会”建设战略任务顺利完成为目的。即能够加快转变经济发展方式，促进经济社会发展与人口、资源、环境相协调；兼顾经济发展和社会进步，保证经济、社会和生态的整体可持续发展。(2）以经济手段、行政手段与法律手段为机制。即通过经济手段、行政手段与法律手段之间的配套结合，从而保持政令畅通、法令有效，政府的威信提高，使得“两型社会”的政策能够落到实处。(3）以构成有机支撑系统为标志。“两型社会”支撑体系能够为

“两型社会”建设提供系统性支撑。一方面表现为“两型社会”支撑体系是由产业、人口与城镇化、消费、科教、人才、基础设施、政策、合作与协调等组成的有机系统，同时还表现为与社会、环境构成相互协调的系统，能够满足“两型社会”建设的要求。

将以上阐述予以进一步展开，可以梳理出中西部地区“两型社会”战略支撑体系的“七大子支撑体系”，即：产业支撑体系，人口、城镇化及消费支撑体系，科教支撑体系，人才支撑体系，基础设施支撑体系，政策支撑体系，合作与协调支撑体系。

“两型社会”产业支撑体系是指以“两型社会”建设为目的，以环保性、低消耗、循环型、高科技为主要生产方式的产业体系，其建设内容主要包括：现代服务业、现代制造业和现代农业。由于“两型产业”建设是中西部“两型社会”建设的重要组成部分（要素），因而其主要属于中西部地区“两型社会”建设战略内涵的要素支撑体系，只有其中的“两型产业”政策等环境因素属于条件支撑体系。

城镇化的核心是人口的城镇化，人口与城镇化紧密联系在一起，内蕴于经济社会发展和“两型社会”建设之中，因此本项目第三子课题将其发展战略作为“两型社会”建设战略的重点要素之一进行研究。这就是说，人口与城镇化对“两型社会”建设的支撑，也主要属于内涵要素支撑。另一方面，人口的城镇化会导致其消费的变化。“两型社会”消费支撑体系是指以“两型社会”建设为目的，指导和规范人们践行符合资源节约和环境友好要求与标准的各种资源消耗及产品与劳务的使用的消费体系。“两型社会”消费支撑体系建设的内容包括：“两型消费”观念、适度的消费水平、合理的消费结构、优良的消费环境和文明健康科学的消费方式。同样，“两型消费”也是中西部“两型社会”建设的重要组成部分（要素），它主要属于中西部地区“两型社会”建设战略内涵的要素支撑体系，其中的“两型消费”政策属于条件支撑体系。

“两型社会”科技支撑体系是指以促进“两型社会”建设为目的，以国家科技政策为杠杆，以市场机制为导引，由“两型科技”研发、“两型科技”成果转化与推广、“两型科技”合作与技术转移等子系统组成的有机系统。“两型社会”科技支撑体系建设的内容包括：“两型科技”

研发平台建设，“两型科技”成果转化与推广平台建设，“两型科技”合作与技术转移平台建设。

“两型社会”教育支撑体系是指为提高人们对“两型社会”建设的认识，促进人们形成社会可持续发展的观念，养成可持续发展的态度和能力，进而由观念转变为行为的一个教育体系。它需要进行系统设计，在义务教育、职业教育、高等教育、继续教育等各级各类教育中加以统筹建设。

“两型社会”人才支撑体系是指以促进“两型社会”建设为目的，是“两型社会”人才工作的运行载体，是一个多元性、层次性、动态性和整体性的社会系统，它对“两型社会”人才工作起着枢纽和调控作用。“两型社会”人才体系建设的内容包括“两型社会”人才的培养、选拔任用和激励等方面。

“两型社会”基础设施支撑体系是指为满足“两型社会”建设的需要，以交通、水利、电网、信息以及环境基础设施为建设重点，推动新型城镇化、新型工业化和农业现代化的发展，为加快区域融合、优势互补的基础设施体系。“两型社会”基础设施支撑体系建设的内容主要涉及交通基础设施建设、水利基础设施建设、能源与电网基础设施建设、信息基础设施建设、资源与环境基础设施建设。

“两型社会”政策支撑体系是指各级政府为了更好地推动“两型社会”建设而采取的一系列有利于提高资源利用效率、降低污染物排放、有效保护生态环境的权威性规划、规则、标准和措施等。“两型社会”政策支撑体系建设的内容包括“两型产业”，“两型科技”，“两型”教育与人才，“两型消费”的基本政策、核心政策、基础政策的完善和配套。

“两型社会”合作与协调支撑体系，一是指中西部地区与东部地区本着互惠互利、优势互补、联合发展的原则，按照市场经济的客观规律，通过产业转移、技术转让、联合、联营、合作等形式而构建东部和中西部地区间的“二元互换”体系。其建设内容主要包括产业转移与联营中的“二元互换”体系，以及技术转移与合作中的“二元互换”体系。二是指中央的扶持、东部地区的支援和中西部地区造血功能的提升所构成的“三位一体”支撑体系，其中中央的扶持、东部地区的支援是中西部地区“两型社会”战略实施的外部推力，中西部地区造血功能的提升是其内在动力。

中西部“两型社会”建设战略“七大子支撑体系”主要包括市场和政府两个方面，涵盖内在要素支撑和条件支撑两个层面。其中关乎资源配置的主要由市场决定，涉及政策法规和区域行政合作与协调的主要由政府主导。产业和消费支撑主要属于内在要素支撑层面；其余主要属于条件支撑层面。它们相互关联，形成中西部“两型社会”建设战略支撑体系的总体架构，如图1－1所示。

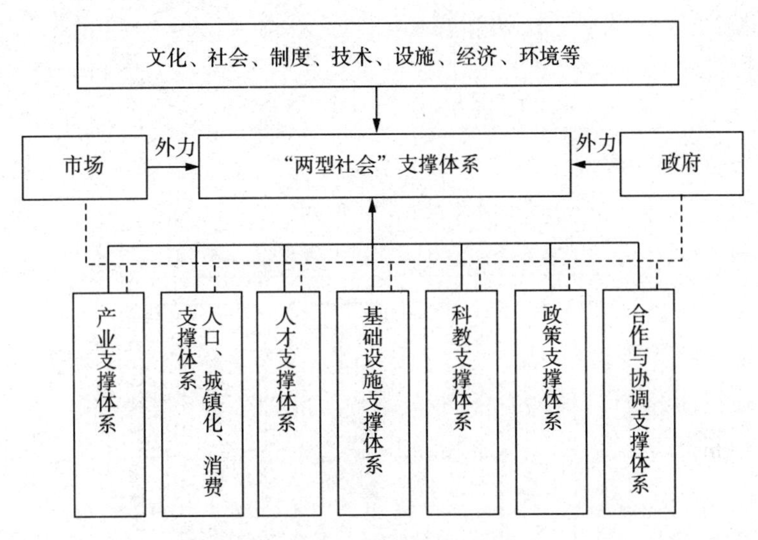

图1－1 中西部“两型社会”建设战略支撑体系总体架构示意图

二、研究重点

在中西部地区“两型社会”建设战略的“七大子支撑体系”中，产业支撑体系和人口、城镇化、消费支撑体系主要属于“战略”内在要素支撑层面，本项目设有专门的子课题组予以研究，其成果也就独立成书，纳入“生态文明与资源节约型和环境友好型社会建设丛书”另行出版，为避免该丛书内容重复，本书遂将其略去，不再赘述。另一方面，从谋篇平衡考虑，在“七大子支撑体系”中，因科技与教育、人才具有高度的关联性，故而将三者整合在一起加以研究；因政策支撑体系的涉及面广、内容较多，故而将之分解成“两型产业”政策、“两型科技”政策、“两型”教育与人才政策、“两型消费”政策予以研究。这样，本书研究的重点就包括七个方面，即：科技、教育与人才支撑体系；基础设施支撑体系；“两型产业”政策；“两型科技”政策；“两型”教育与人才政策；“两型消费”政策；合作与协调支撑体系，主要涉及条件支撑层面。本书将围绕这七个方面，在梳理国内有关文献资料的基础上，认真总结支撑体系建设的现状与问题，研究支撑体系建设的发展重点，进而提出支撑体系建设的政策建议，最后总结出主要研究结论及创新点。如图1－2所示。

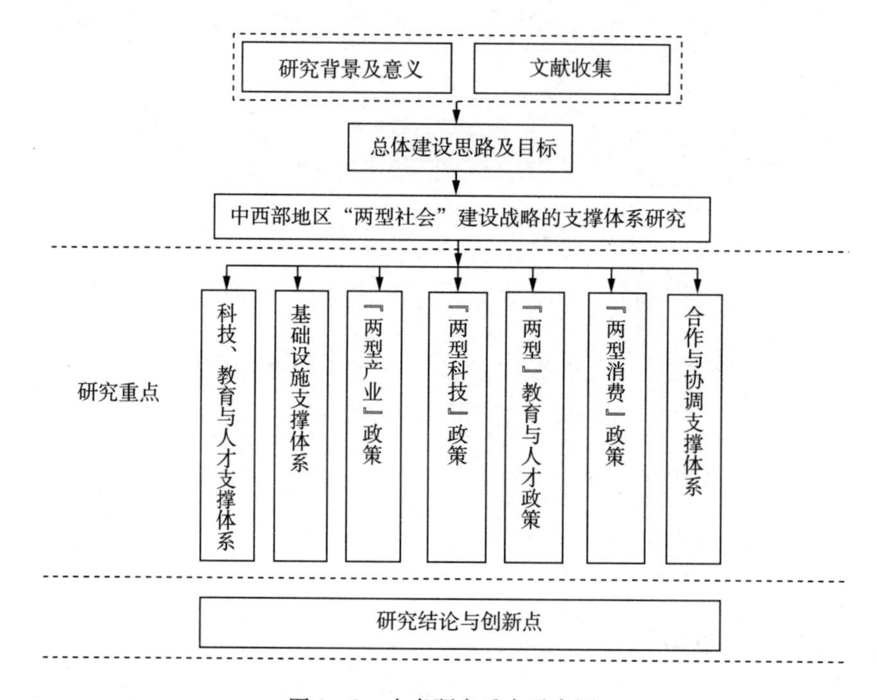

图1－2　本书研究重点示意图

第二章　支撑中西部地区“两型社会”建设战略的科技、教育与人才体系

科技、教育与人才体系在中西部地区“两型社会”建设战略的实施中起着基础性作用，中西部地区“两型社会”建设战略的有效实施须构建相应的“两型”科技、教育与人才支撑体系。科技、教育与人才支撑体系是指通过科技、教育与人才方面的资源投入，经科技、教育与人才方面的组织运作，产生科技成果、教育成果与人才的系统。其中，科技支撑体系是关键，教育支撑体系是根本，人才支撑体系是核心。本章主要针对中西部地区在“两型社会”建设中所面临的科技、教育、人才等方面的实际问题，提出支撑“两型社会”建设战略的科技、教育与人才体系的建设思路、重点与主要内容。

第一节　中西部地区“两型社会”科技支撑体系建设的思路与重点

中西部地区“两型社会”科技支撑体系的建设遵循一般科技支撑体系建设的规律和要求，其建设基础是科技资源，主要包括一些从事科技研究的人才及其他服务于科技研究与开发的人员、财力、物力，其主体是作为科技活动实施者的科技组织，主要包括各类研发机构如高等院校、政府和民营研究机构、企业研发机构及其他一些科技中介服务机构等，其产出成果是科研成果，主要包括科学发现、技术发明和产品创新①。同时，它具有特殊性，要求在科技资源投入、科技组织运作和科研成果转化诸环节均以节约资源、环境友好为取向，打造有利于中西部地区“两

① 周志田，杨多贵，康大臣．中国可持续发展科技支撑体系建设的战略构想［J］．科学学研究，2005（S1）：78-80.

型社会”建设战略实施的科学技术群。据此，可以确定中西部地区“两型社会”科技支撑体系建设的思路与重点。

一、中西部地区“两型社会”科技支撑体系建设的思路

建设“两型社会”科技支撑体系的实质在于推进“两型科技”创新，亦即说，推进“两型科技”创新既是思考“两型社会”科技支撑体系建设的出发点，也是落脚点。因此，中西部地区“两型社会”科技支撑体系建设的思路应包括以下四个关键点。

第一，营造有利于“两型科技”创新的社会文化氛围。良好的社会文化氛围能够促使科技创新主体和社会公众树立有利于“两型社会”建设的价值观，进而指导其进行科技创新实践活动，为中西部地区进行“两型科技”创新提供思想保证①。具体而言，就是通过论坛讲座、发行科普读物、新闻媒体宣传等途径，对中西部地区的科技创新主体和公众进行“资源节约、环境友好”的“两型化”宣传教育，重点宣传自然生态运行机理、全球和区域资源环境现状、国家和地方涉及资源节约和环境保护的法律法规等理论知识和价值导向，并通过对浪费资源和破坏环境的违法行为实施处罚，以落实环境责任，促使其增强资源意识和环境意识，正确认识和把握人与自然的关系，践行生态价值规范，从而为中西部地区“两型科技”创新做出贡献。

第二，发挥政策对“两型科技”创新的引导作用。在税收、产业、财政、价格等方面，加强对中西部地区“两型科技”创新活动的扶持。首先要进一步完善中西部地区的生态补偿机制，大张旗鼓地奖励表彰对“两型科技”创新做出贡献的组织、个人和企业，优先、优惠安排“两型科技”创新项目所需要的各类基础资源。其次要建立和完善环境标志认证管理和“两型”产品准入制度，鼓励中西部地区企业积极、自愿参与ISO 14000等国际产品环境标志认证，同时鼓励政府和企业优先采购经过环境标志认证、清洁生产审计或通过ISO 14000认证的产品。最后要建立

① 易显飞，廖小平，张昊天．“绿色湖南”的实现与两型化科技创新［J］．湖南科技大学学报（社会科学版），2012（4）：89-92.

“两型”经济核算体系，完善经济发展评价体系。

第三，通过“两型科技”的发展，推动生产方式和生活方式的深刻变革。一方面，要推动中西部地区生产方式的革新。鼓励中西部地区企业采用清洁能源进行清洁生产，提倡企业生产和发展节能产品和设备，采用提升资源能源利用效率的技术；鼓励循环经济的发展，提倡中西部地区企业循环利用资源；推广诸如再生资源回收利用和可再生能源利用等“两型技术”，提高对自然资源的利用效率①。另一方面，要进行消费方式改革，向中西部地区的消费者宣扬适度消费、理性消费、文明消费和绿色消费的理念，鼓励人们使用节能、环境标志产品等绿色产品。

第四，加快建立和完善“两型科技”创新服务体系。首先要积极开发、启用中西部地区“两型科技”创新信息平台，及时汇集、整理、发布“两型科技”和资源节约型、环境友好型政策（以下简称“两型政策”）等方面的科技信息。其次要构建“两型科技”创新投融资平台，设立专项资金用来投资或补助对建设中西部地区“两型社会”起重要作用的技术开发和产业项目。再次要构建“两型科技”创新孵化平台，以“官产学研”相结合为原则，建立一批“两型科技”研究中心。

二、中西部地区“两型社会”科技支撑体系建设的重点

“两型科技”创新就是要形成、丰富和发展有利于环境保护和资源节约的科学技术群，如：资源综合利用技术、清洁生产技术、新能源与新材料技术、节水农业技术以及生态化农业技术等②。上述推进“两型科技”创新的思路内在地包含着中西部地区“两型社会”科技支撑体系建设的重点，可以展开为以下几个方面。

第一，通过“官产学研”有机结合完善“两型科技”创新体系。目前中西部地区缺乏创新资源，不具备很多高水准的技术研发基地，

① 易显飞，廖小平，张昊天．“绿色湖南”的实现与两型化科技创新［J］．湖南科技大学学报（社会科学版），2012（4）：89-92.

② 周志田，杨多贵，康大臣．中国可持续发展科技支撑体系建设的战略构想［J］．科学学研究，2005，23（12）：78-80.

且区域科技自主创新体系不完善，这些使得中西部地区在建设“两型社会”的道路上步履维艰。为此应加强以企业为主体、“官产学研”相结合的技术创新体系建设，并将其作为“两型社会”技术创新体系建设的重要任务。同时应在中西部地区政府的主导下，以企业作为创新主体，充分考虑包括高等院校、科研院所、基础设施、法律政策等在内的众多因素，通过对中西部地区“两型社会”建设中经济发展方式的路径选择分析，构建基于“两型社会”总体战略目标的中西部地区技术创新体系（如图2－1所示），推进资源综合利用技术、清洁生产技术、新能源与新材料技术、节水农业技术、生态化农业技术等科学技术群的发展与应用。

第二，提高“两型科技”创新能力。当前，市场竞争和资源、环境压力日益增加，产业发展对技术的依赖性也在逐渐加大，由于中西部地区技术创新能力较弱，一些高技术、深加工产品主要依赖于进口，长期下去，必将对中西部地区经济的快速健康协调发展造成不良影响。为此，我们要将提高技术创新能力作为推进中西部地区“两型科技”支撑体系建设的重点工作，以实现科学创新和技术创新的协调发展。

第三，培育“两型科技”创新主体。培育中西部地区“两型科技”创新主体，要求加大中西部地区财政资金对“两型科技”自主创新的投入力度，围绕“两型产业”的发展，在中西部地区设立一系列高水平研发机构，如工程（技术）研究中心、企业技术中心等，鼓励企业加大研发投入，在企业内设立各类研发机构，使企业成为“两型科技”产业化的主体。同时要在中西部地区设立各类金融与投资机构，为“两型产业”的技术开发和科技成果转化提供融资支持，形成中西部地区“两型社会”建设的创新驱动机制。

第四，打造产业自主创新集群。打造中西部地区“产业自主创新集群”要求中西部地区在坚持相同产业集中发展的基础上，合理选择主导产业。中西部地区可利用地区优势创新资源，将新材料、节能环保、生态农业、生物医药、汽车制造等产业中科技含量高、资源消耗少和对经济贡献大的项目作为发展重点并促使其形成产业集群。与此同时，要建立“两型科技”创新平台，营造良好的社会文化环境，促进信息资源共

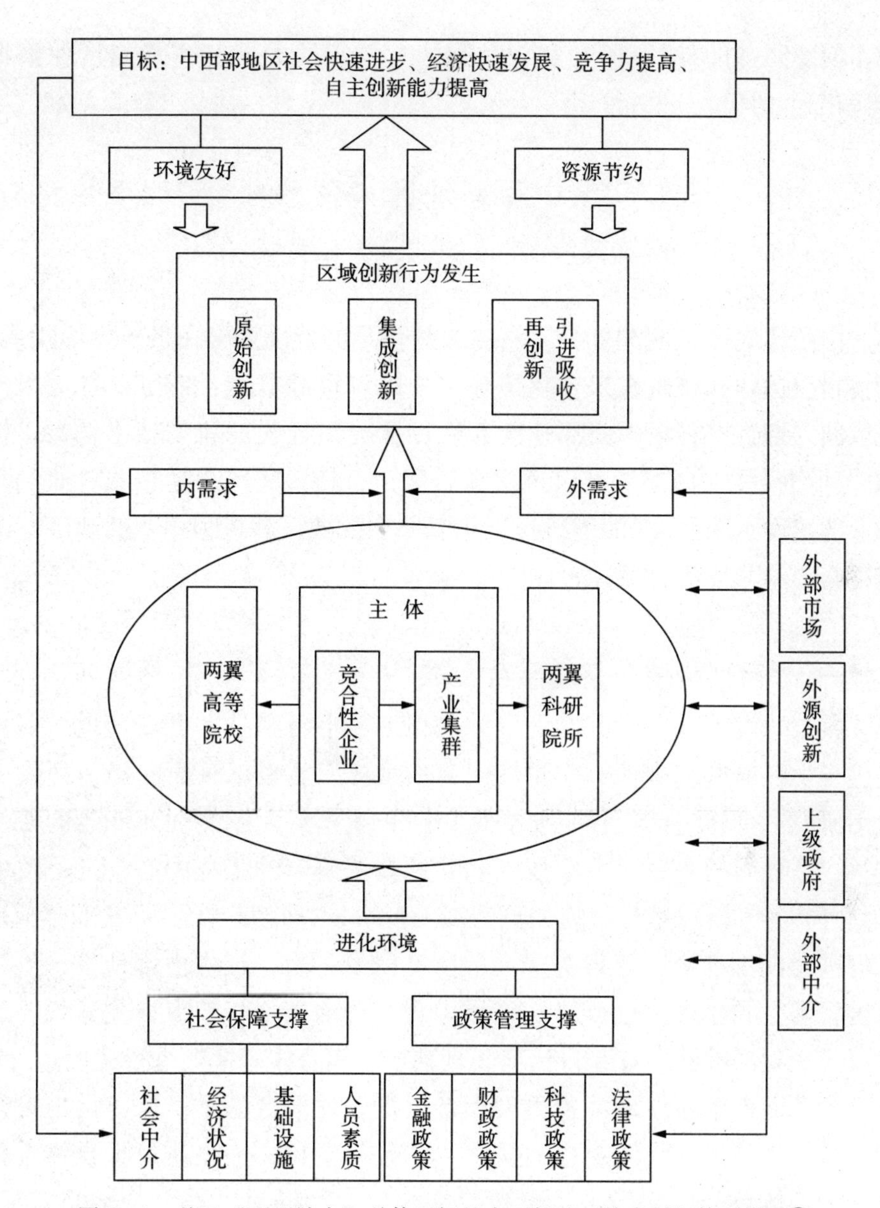

图2－1　基于“两型社会”总体目标的中西部地区技术创新体系模型①

① 图2－1根据“长株潭两型社会建设科技自主创新体系模型”改编而来，原“模型”详见李飞龙，李贵龙，吴世园．长株潭两型社会建设科技自主创新体系研究［J］．湖南大学学报（社会科学版）．2010（4）：158.

享，构建完善的科技创新网络①，加速“两型”科学技术群向产业集群的转化。

第二节 中西部地区“两型社会”科技支撑体系建设的主要内容

中西部地区“两型社会”科技支撑体系的建设要求在科技资源投入、科技组织运作和科研成果转化诸环节均以“资源节约、环境友好”为价值取向，培育有利于中西部地区“两型社会”建设的科学技术群，以提高“两型科技”成果的产出效率和质量，而其关键环节是相关科研创新平台的建设。因此，“两型科技”创新平台的建设就成为中西部地区“两型社会”科技支撑体系建设的主要内容。

一、“两型科技”研发平台

科技研发平台一般可以划分为知识创新平台和技术创新基地，前者是进行学科前沿基础性、前瞻性研究的载体，后者承载面向经济建设的应用研究。具体包括三种主要类型：一是承担重大原始创新任务的实验室；二是开展产业发展关键技术和共性技术研究的工程中心；三是负责采集野外科学研究基础数据的野外观测台站。“两型科技”研发平台则是以促进“两型社会”建设为导向的科技研发平台，在中西部地区，可以由国家来主导建设，也可以由区域内省、自治区、直辖市自主建设，还可以采取省部共建、省和自治区、直辖市之间合作等模式进行建设。

为了促进中西部地区各类型和各层次研发平台的平衡、协调与可持续发展，必须树立整体观念，强化“体系”意识，加强研发平台体系化建设的整体统筹，在稳步扩大研发平台规模的同时，着力从空间布局、功能整合上进一步优化研发平台的体系，求取整体科技资源配置、创新能力和运行效率的提升，并与“两型产业”布局结构相对接，谋求科技

① 李飞龙，李贵龙，吴世园．长株潭两型社会建设科技自主创新体系研究［J］．湖南大学学报（社会科学版），2010（4）：156-160.

创新对经济发展方式转变的驱动绩效的提升。具体而言，就是要在发展目标、依托载体、重点任务、“两型”化导向上进一步优化中西部地区的实验室、工程中心和野外观测台站的建设，走出因低水平重复竞争而造成科技资源浪费与低效使用的园囿，在空间布局、功能整合上协调好各类型、各层次研发平台在中西部地区内部的配置比例和分工协作，以及它们与区内战略性新兴产业、主导产业、传统支柱型产业和民生产业等现代产业体系之间的对接关系，使得研发平台体系的创新生产力空间布局与现代产业集群能够循环联动、协调发展①，提升整体科技创新能力及其外溢潜力，形成支撑中西部“两型社会”建设的科技研发机制。

二、“两型科技”成果转化与推广平台

研发平台所取得的“两型科技”成果必须通过转化才能对“两型社会”建设起到实际的支撑作用。中西部地区需要通过政府、研究机构、企业等组织机构的协同合作，设立和完善一套运行机制，以确定各方面的职责和权利，从以下方面建立和完善“两型科技”成果转化平台，促进“两型科技”向生产力的转化。

第一，“两型科技”成果转化中试平台。中试是产品在大规模量产前的较小规模试验，对实验成果进行中试可以检验出实验成果是否具有科学性和市场潜力。为了推动中西部地区“两型科技”成果的转化，必须在中西部地区设立一批中试基地。为适应不同类型“两型科技”成果转化的需要，要建立不同层次的中试基地，如建设产业中试基地、企业中试基地等。

第二，“两型科技”成果转化中介平台。科技中介机构可以为中西部地区“两型科技”成果转化提供包括技术研发交流、成果评价、技术咨询、企业孵化等知识和技能服务，是推进中西部地区“两型科技”成果转化的重要中间环节。因此在构建“两型科技”成果转化和推广平台时，必须加强中西部地区相关科技中介机构的建设，完善科技中介机构服务

① 唐龙，张家源．基于科技创新与发展方式转变的研发平台能力提升研究［J］．探索，2013（3）：92-96.

体系，培养一批了解科研成果的使用价值和可行性、能够帮助企业做出决策以加快“两型科技”成果转化速度的高端人才。

第三，“两型科技”成果转化创业平台。中西部地区“两型科技”成果转化的核心主体是科技人员，要加快成果的转化就必须为进行创业的科技人员提供条件和环境支持。设立创业平台的实质就是为科技人员进行创业扫除障碍，提高中西部地区“两型科技”成果转化的效率。要积极完善中西部地区的融资体系，促进投融资服务功能。同时要制定和完善相关的法律法规，保证投资者的合法利益。

第四，“两型科技”成果转化推广平台。成果转化推广平台主要有成果交易会、技术博览会、专场推介会等类型，中西部地区有条件在这些方面予以运作，加强“两型科技”成果的展示和推广。此外，与当代信息技术的普及相适应，中西部地区在“两型科技”成果转化推广平台的构建中，还需要建设和完善相应的网络系统①，推进“两型科技”成果转化推广平台的信息化。

三、“两型科技”合作与技术转移平台

中西部地区“两型科技”的发展，不仅要依靠自身力量，而且要重视区域合作。按照技术发展的梯度转移规律，技术往往从发展水平高的源地流向发展水平低的区域。中西部地区相对于东部发达地区和发达国家，技术发展总体水平较低，接受东部发达地区和发达国家的技术转移不可避免。因此，“两型科技”合作与技术转移平台乃是中西部地区“两型科技”创新平台中不可或缺的有机组成部分。

首先，要加大对合作与技术转移平台的支持力度。要设立中西部地区技术转移专项资金，为科研机构技术转移示范机构的建立提供资金支持，为高科技技术人才的培育和发展提供支持和保障，促进“两型科技”成果的转化；采取一系列的激励政策，提高个人和单位促成技术转移的积极性。

其次，要加强平台间的衔接与区域合作。要加强中西部地区技术转

① 唐仁华，朱晓．加强平台建设促进成果转化［J］．科技进步与对策，2003（12）：80-81.

移平台、科技创新平台及其他平台间的衔接与区域合作，中西部地区政府要积极与国家相关政府机构沟通，以促使更多的高水平科研机构和技术转移平台能够在中西部地区落户，进而提高中西部地区的科技创新平台的层次，避免创新资源的浪费。

第三，要提高技术转移平台的国际化程度。鼓励技术转移平台参与发达国家的国际合作，加强与港澳台相关技术转移平台的合作与交流，支持中西部科研机构与国外高水平机构合作，优待海外优秀科技人员加入中西部科研机构的工作①，从而提高中西部地区两型技术转移平台的国际化水平。

第三节 中西部地区“两型社会”教育与人才支撑体系建设的思路与重点

“科学技术是第一生产力，人才资源是第一资源”，“两型科技”创新的核心主体是通过各级各类教育所培养的“两型人才”，因此中西部地区“两型社会”科技支撑体系的建设内在地要求相应的教育与人才支撑体系的建设。

一、中西部地区“两型社会”教育支撑体系建设的思路与重点

“两型教育”支撑体系构建应当按照“优化结构、分类指导、政府主导、市场主体、系统协同”的思路，因应“两型社会”建设的需求，优化各类学校的教育内容结构和人才培养定位，完善分类管理系统、法律制度系统和经费投入系统，着力建设科研支撑系统、师资队伍建设系统和学生职业发展系统②，关注学校教育系统与政府和社会的协同。

在这样一个健全完善的现代教育体系内，“两型”科技人才的培养要

① 郑新，黄宁生，侯红明．广东省省属科研机构技术转移平台建设研究［J］．科技管理研究，2009（7）：136-139.

② 范唯，郭扬，马树超．探索现代职业教育体系建设的基本路径［J］．中国高教研究．2011（12）：65.

进行系统设计、系统实施，其建设重点在于：

第一，注重中西部地区学校在构建“两型社会”教育中的基础作用。首先，各类学校应加强学生的“两型社会”建设理念教育，将“两型社会”发展战略纳入教育体系，在课堂教学和实践教学中贯穿“两型社会”建设的内容；其次，学校要加快教育教学改革的步伐，以市场为导向，树立科学发展观，培养构建“两型社会”发展所需要的人才。

第二，明确中西部地区政府在推进“两型社会”教育中的主导作用。中西部地区政府应从推进“两型社会”建设的角度出发，加大监管和资金投入，建立起适合“两型社会”教育发展的体制和政策保障机制，积极发挥中西部地区政府在“两型社会”教育中的主导作用。

第三，发挥社会媒体在“两型社会”教育宣传普及中的引导作用。中西部地区社会媒体应加大对“两型社会”建设理念、战略目标、战略部署、中心任务和重点工作等多方面的宣传报道，要特别注重发挥互联网等新型媒体的作用，形成全方位、多层次、多渠道的传播、宣传、教育格局，营造有利于构建“两型社会”的舆论氛围。

二、中西部地区“两型社会”人才支撑体系建设的思路与重点

建设中西部地区“两型社会”人才支撑体系要以科学发展观为指导，围绕中西部地区“两型社会”发展规划，聚焦关系发展全局的科学技术群、优势产业、重点发展领域和项目，制订专项人才开发配置方案，强化政策措施，实施重点规划，重点投入，个性化服务，通过需求带动，加快中西部地区“两型社会”人才队伍建设的步伐。其建设重点在于：

第一，科学分析未来中西部地区资源节约型、环境友好型人才（以下简称“两型人才”）的市场需求趋势，预测编制中西部地区“两型人才”需求数量与结构。从经济发展的大环境来看，中西部地区“两型社会”建设虽然受到诸如自主创新水平不高，体制机制、法律法规不健全等因素的制约，但其瓶颈则是人才问题。中西部地区各级政府部门、企事业单位，要结合本地区环境资源和经济社会发展的现状及未来的发展趋势，根据市场对“两型人才”的需求，为高校设置专业和培养人才提供指导，并尽快编制适用于中西部地区“两型社会”建设的“两型人才”需求目录。

第二，调整高校布局，建立专业退出机制。中西部高等教育的人才培养结构与区域内地方经济不相适应，以中部六省高职（专科）招生为例，2010 年，交通运输专业、材料与能源专业、农林牧渔等专业的招生比重分别仅为全部招生数的2.4%，1.4%和1.4%，但低投入的文科类专业招生的人数却快速增长，财经和文化教育等文科专业的招生比重竟分别达到20.7%和12.6%。类似的问题在西部地区同样存在。因此，要根据中西部地区的环境、资源、经济发展现状，结合“两型社会”的发展要求，调整高校布局和专业设置，建立必要的专业退出机制。要将重点放在有利于节约资源、保护环境的学科内涵的建设上，鼓励和支持高校调整专业结构，设置适应“两型社会”发展需要的专业。鼓励各类培训机构建立和完善服务于中西部地区“两型社会”建设的人才培训体系，为中西部地区“两型社会”建设提供人才支持和保障。要将培养开发的重点放在适应“两型社会”发展需要的紧缺人才，如职业技能型人才、专业技术人才、科技创新人才和高层次管理人才上。同时要加大对资源节约、生态环保等方面的科技领军人才的培养力度①。

第三，对传统产业中的技术人才进行培训和再教育。在中西部地区，传统产业中相当一部分人才处于闲置状态，人才使用率低下，且大多数技术人才不能胜任企业转型升级后的技术工作，因此政府要结合中西部地区“两型社会”建设的要求，有计划、有步骤、分层次地对这些传统产业中的专业技术人才进行培训和再教育，以引导他们及时更新所需知识，更好地为中西部地区的“两型社会”建设服务。

第四，建立培养基地，创新培养模式。在中西部地区建立“两型人才”培养基地，鼓励各地各学校建立和完善新的有利于中西部地区“两型社会”建设的教育体系，鼓励高校在课程设置、教学内容、教学组织形式、教学方法、考试评价和管理体制等方面进行前瞻性探索和试验，不断调整人才培养结构，提高人才培养的质量和水平，以适应中西部地区“两型社会”建设对人才的要求。

---

① 段学森，董金明，张宇，等．河北省新兴产业应用型人才支撑体系建设研究［J］．河北工业大学学报（社会科学版），2012（1）：5-10.

第四节　中西部地区“两型社会”教育与人才体系建设的主要内容

学校教育是培养“两型人才”的主渠道，科学合理的管理机制是“两型人才”施展才能的推进器。“两型人才”的培养是否合格、选拔任用是否科学、激励是否有力，直接关系到中西部“两型社会”建设的成败。因此，中西部地区“两型社会”教育与人才体系建设应以构建“两型”学校教育体系和人才管理机制为主要内容。

一、构建面向“两型社会”建设的学校教育体系

从层次上划分，我国学校教育包括义务教育（基础教育）、职业教育和高等教育三大主要类型。构建面向“两型社会”建设的学校教育体系就是将“两型社会”的思想观念及其对科学理论、应用技术的要求贯穿到学校教育各层次，推进义务教育、职业教育和高等教育的“两型”化改革，持续培养中西部地区“两型社会”建设所需要的各级各类人才。

（一）义务教育的“两型”化改革

义务教育是提高全民素质，培养各方面人才的基础，也是人生培养环保意识、养成节约习惯的关键阶段。对义务教育进行“两型”化改革，做好面向“两型社会”建设的教育工作，在很大程度上可以保证未来公民的“两型”素养。义务教育的“两型”化改革涉及课程教学体系的内容革新、校本课程的拓新和教学方式的多样化探索等方面。

1. 在课程教学体系中渗透“两型社会”理念

在中西部地区进行“两型社会”教育，要根据中西部地区资源、环境和经济发展现状，结合当地学生的年龄、生活和学习状况来安排教学内容，将建设“两型社会”的思想理念融入各门课程教学体系中，革新课程教学体系的内容，使学生通过各门课程的学习，充分认识到节约资源、保护环境的重要性，并对“两型社会”理念有较深层次的理解。社会大环境方面，中西部各地方政府要在全社会倡导、营造有利于“两型

社会”建设的舆论氛围和浓郁风气。学校小环境上，要将建设“两型社会”的科学知识和思想理念普及、渗透到各类课程教学内容中，使“两型社会”教育贯穿于学生的知识学习、情感激发、意志培养、信念树立和行为养成的各方面和全过程，最终使学生能自觉地同破坏环境、浪费资源的行为做斗争。同时，还要注重提高“两型社会”教学内容的科学性、趣味性、系统性、衔接性和协调性，不断提升课程教学的水平和质量。

2. 在校本课程建设中贯穿“两型社会”意识

中西部地区“两型社会”校本课程是指充分利用中西部地区现行各门课程教材，并结合当地学校实际，各学校自主开发，精选各阶段、各年级学生能接受的资源节约、生态环保方面的科学知识、优秀文化、伦理道德等内容加以拓展而形成的，具有实践性、综合性、可选择性的课程。“两型社会”校本课程将“两型”意识同课程教学、兴趣活动、实践活动、校园文化和社团活动等融为一体，通过改进教学模式，可促进师生“两型社会”素养的提升。“两型社会”校本课程的开发和实施将有效解决“有共性但乏个性”的课程体系所导致的“千校一面”问题，有利于各个学校办出特色，造就一支“两型”素养和理论水平较高的教师队伍，提升学生的“两型”素质，促进学生的全面发展、自主发展、综合发展和社会化发展。

3. 以丰富生动、灵活多样的教学方式培育学生的“两型社会”观念

“两型社会”教育是一个复杂的系统工程，实施“两型社会”教育要求重新构建一系列的经济制度和社会观念。中西部地区学校在进行基础教育时，要以丰富生动、灵活多样的教学方式培育学生的“两型社会”观念，鼓励和引导学生树立正确的价值观和消费观①，并促进学生学以致用。各学校应根据当地经济社会、学校和学生的发展要求，充分整合能够利用的课内外教学资源，大胆创新并探索、实践。在各类课程设计中要普及、深化对中西部地区资源、环境状况等内容的认知，适当增

① 甘家梁，周志红．基础教育中“两型社会”教育理念的贯彻［J］．孝感学院学报，2011（2）：122-124.

加课外实践教学的比重，以激发学生对中西部地区建设“两型社会”重要性和紧迫性的感知与践行的社会责任担当。同时，可通过绿色校园创建、环保之星评选、绿色学校评比、“两型社会”的知识竞赛、演讲比赛和假期调研等实践活动，激励学生养成热爱和保护大自然的良好习惯。

（二）职业教育的“两型”化改革

职业院校要以培养职业技能型人才为目标，积极深化教学改革，提高教学水平，培养适应中西部地区“两型社会”建设的高素质技能型人才。

1. 对接中西部地区“两型社会”建设，彰显办学和专业特色

中西部地区职业院校要立足于本地区资源、环境和经济发展现状，抓住“两型社会”建设的机遇，因应“两型社会”建设战略的要求，找准办学定位，彰显办学特色。要根据劳动力市场的需求，调整专业结构、教学模型与教学内容，改造提升传统专业，缩小和淘汰与市场需求不相适应的专业，开办“两型社会”建设急需专业，重点发展与“两型”“三新”（新型工业化、新型城镇化、新农村）建设相适应的专业，从根本上解决职业院校专业设置与“两型社会”建设需求相脱节的问题①，形成多层次、多特色、多形式的职业教育体系。

2. 注重内涵建设，推进产教融合、校企合作

要积极推进中西部地区职业院校的内涵建设，要坚持以人为本的原则，注重教师队伍的建设，着力“双师型”教师的培养，加大产教融合、校企合作的力度，并建立和完善产教融合、校企合作的评价体系、激励机制及政府投入机制等。要深化教育教学改革，注重教学方法、教学方式、教学手段等改革；开发适用于中西部地区“两型社会”建设的教材，提高职业院校内涵建设。此外，要坚持“德育为先，立德树人”的原则，加强学生的思想道德建设，使学生具备正确的世界观和价值观，同时要加强校园文化和企业文化的对接，为培养能满足“两型企业”发展需要的高素质技能型人才创造良好的环境氛围。

---

① 雷久相．职业教育是“两型社会”建设的重要引擎［J］．武汉职业技术学院学报，2009，8（4）：10-12.

3. 开展职业价值观教育，开设“两型社会”相关课程

中西部地区职业院校要加强课程体系的改革，探索开设适用于职业院校学生学习的“两型社会”相关课程。在课程建设中要深入挖掘中华传统文化中的生态环保思想，将中西部地区“两型社会”建设的理念深深融入对学生的职业价值观、伦理观的教育中，注重培养学生的“两型”职业道德与素质，并植根于节俭、环保的优秀传统文化与职业传承中，让“两型社会”素养的培育扎根于学生对悠久的传统文化与现代职业伦理的学习中。

4. 服务于新型城镇化、农业现代化，培养新生代农民

职业教育既包括学历教育又包括技能教育，中西部地区职业院校不仅要在学历教育上办出特色和水平，而且要在技能培训上予以拓展和改革，在积极开展职工教育和培训的同时，加大对农民工培训的力度，提升培训绩效，顺应新型城镇化、新型工业化和农业现代化的发展要求，培养有技术、高素质的新生代农民，提高中西部地区人力资源的数量与质量[①]，促进中西部地区“两型社会”建设战略的实施。

2014 年 6 月，国务院印发《关于加快发展现代职业教育的决定》，教育部等六部委公布《现代职业教育体系建设规划（2014—2020 年）》（以下简称《规划》），并印发通知要求各地相关部门组织实施。《规划》指出，我国职业教育仍然存在着社会吸引力不强、发展理念相对落后、行业企业参与不足、人才培养模式相对陈旧、基础能力相对薄弱、层次结构不合理、基本制度不健全、国际化程度不高等诸多问题，并集中体现在职业教育体系不适应加快转变经济发展方式的要求上。《规划》要求分两步实现现代职业教育体系建设：“至 2015 年，初步形成现代职业教育体系框架。现代职业教育的理念得到广泛宣传，职业教育体系建设的重大政策更加完备，人才培养层次更加完善，专业结构更加符合市场需求，中高等职业教育全面衔接，产教融合、校企合作的体制基本建立，现代职业院校制度基本形成，职业教育服务国家发展战略的能力进一步提升，职业教育吸引力进一步增强”，中等职业教育在校生数要达到

① 张盛仁，田寿永. 高等职业教育与“两型社会”建设［J］. 理论月刊，2008（7）：92-94.

2 250万人，专科层次职业教育在校生数达到13 90万人。“到2020年，基本建成中国特色现代职业教育体系。现代职业教育理念深入人心，行业企业和职业院校共同推进的技术技能积累创新机制基本形成，职业教育体系的层次、结构更加科学，院校布局和专业设置适应经济社会需求，现代职业教育的基本制度、运行机制、重大政策更加完善，社会力量广泛参与，建成一批高水平职业院校，各类职业人才培养水平大幅提升，中等职业教育在校生数要达到2 350万人”，专科层次职业教育在校生数达到1 480万人[①]。随着建设中国特色现代职业教育体系的推进，对中西部农村地区、民族地区、贫困地区职业教育的支持力度将不断加大，必将促进中西部地区“两型社会”建设所需要的高素质技能型人才培育。

（三）高等教育的“两型”化改革

高等教育的“两型”化改革关系到“两型社会”建设高级专门人才的培养，其改革内容主要包括三个方面：

1. 调整中西部地区高等教育布局

高等教育的优质资源在中西部地区的分布比重低下。在2010年中央部委的111所高校中，中部地区仅有14所，西部地区仅有20所。中部地区博士点仅占全国的20%，硕士点仅占全国的15%，西部地区的博士点、硕士点占全国的比重则更小。应以中西部地区“两型社会”建设战略的实施为导向，优化高等教育区域布局结构，实现中西部高等教育振兴计划和“两型社会”建设战略两者在实施上的有机结合；要发挥政府的宏观调控职能，根据当地经济、社会发展状况和人口、土地面积等因素，建立和完善关于高等教育资源配置和布局的相关法律法规，加大对一些欠发达地区高等教育的政策和资金支持力度；同时要加强不同地区之间高等教育的交流和合作，实现资源的共享和合理利用。

2. 发挥高校的专业和学科优势，积极参与“两型社会”建设

中西部地区各高校应充分发挥其专业和学科优势，为“两型社会”

---

① 宗河．六部门印发《现代职业教育体系建设规划》［N］．中国教育报，2014-06-24；六部门公布职业教育体系规划强化学历衔接［EB/OL］．http：//www.chinanews.com/edu/2014/06-23/6311519.shtml，2014-06-23.

建设发挥其独特的作用。中西部地区高校应根据当地经济社会发展需要，加大高级“两型人才”的培养力度，同时要积极创新、勇于实践，充分利用高校的专业、学科和技术人才优势，积极参与到中西部地区“两型社会”的建设中来。此外，中西部地区一些高校在环境工程、林业工程等领域内具有独特的优势，政府要鼓励和支持这些高校将其成果转化为服务于“两型社会”建设的技术和产品。

3. 改革人才教育与培养模式，适应“两型社会”建设需要

目前中西部地区高等教育培养的人才在质量和结构上都难以适应“两型社会”建设的需要。中西部地区高校要因应“两型社会”建设战略对人才支撑体系的要求，积极探索产学研合作、订单式、远程开放等教育模式以及“渐进项目”、校企合作、创新素质拓展、博雅班、英才班、卓越班等人才培养模式的改革，调整人才培养的知识结构、能力结构和素质结构，培养一批具有“两型”意识和素养、“两型”思维和创新能力的高级专门人才。

二、构建面向“两型社会”建设的人才体系及管理机制

“两型社会”建设要取得良好绩效，人力资源是第一资源，构建面向“两型社会”建设的人才体系及管理机制的目的，就是不断适应“两型社会”战略规划和目标实现过程中对人力资源的各项要求。建设“两型社会”不仅要加强“两型人才”的培养，构建“两型人才”体系，而且要构建“两型人才”的选拔任用和发展保障机制。

（一）“两型人才”体系的建构

中西部地区“两型社会”建设，需要培养一大批理解和掌握“两型”理念、知识、技能等各行各业的“两型人才”，形成包括科学研究类人才、工程技术类人才、职业技能型人才、服务类人才和管理类人才的“两型人才”体系①。

科学研究类人才。应培养其对“两型”规划、理念、技术、文化、

① 张航，曹蓉. 从劳动创新看人才类型及其培养途径［J］. 延安大学学报（社科版），2011(6)：77-80.

管理等方面的认识，同时也要注重培养其寻找问题、发现问题和解决问题的能力，以及探索新技术、新方法的创新意识。这类人才要求能够充分理解和掌握其研究领域的前沿知识以及先进的方法和技术，一般由研究型大学和科研机构来培养。

工程技术类人才。要提高对这类人才对建设中西部地区“两型社会”必要性的认识，同时着重培养其创造发明的兴趣和创新意识。工程技术类人才通常都要接受一定程度的高等工程教育，能够充分掌握相关自然和社会科学知识，在工作之前能够接受系统的专业学习和研发训练，一般由工科院校或其他院校的工科专业来培养。

职业技能型人才。这类人才主要在各行各业从事一线生产工作，需要具有强烈的“两型”意识和娴熟的节约资源、保护环境的生产操作技能，一般由中等职业学校、高等职业学院、职业培训机构培养。

服务类人才。主要是指能够研发编制精神服务产品、设计服务内容、实施服务方案以及研究服务理论与知识的相关人才。培养这类人才时也要培养其建设“两型社会”的信念和兴趣，此外还要加强其创新服务理念、内容等意识。服务类人才一般要求掌握一定的专业知识和技能教育，并能够在服务工作中接受培养和锻炼。

管理类人才。首先要培养其节约资源、保护环境的思想理念和建设“两型社会”的兴趣，其次要根据社会、企业的要求确定其培养目标，还要培养其创新意识和应用能力，培养这类人才需要根据社会和企业的发展需求制订完善的培养计划，接受专业的教育并能够在管理岗位上得到实习和锻炼。

干部是我国重要的管理型人才。中西部地区“两型社会”的建设迫切需要广大干部建功立业，也为广大干部提供了广阔的事业舞台。在对干部的培养过程中，要激发其构建“两型社会”强烈的责任感和使命感，使其积极主动作为，坚持群众路线，提高抵御腐败的能力，加快改革创新；要提高其生态文明执政能力，使其勇于探索当地以科技创新驱动绿色发展、实现发展方式转变的新路；要提高其思想政治素质，使其在“两型社会”建设中身体力行、争做先锋模范，成为“两型社会”建设战略实施的示范者和广大人民群众信得过的引领者[①]。干部的培养离不开各级党校、行政学院、社会主义学院的继续教育和培训。

（二）“两型人才”的选拔任用

1. 执行能胜任创新“两型”事业为核心的选拔任用标准

人才选拔任用标准是人才选拔任用成功与否的关键。只有坚持正确的标准，才能选拔出和使用好“两型社会”所需要的人才。中西部地区要按照“两型社会”建设的要求，坚持德才兼备、任人唯贤的原则，把品德、知识、能力和业绩作为衡量人才的重要标准，公开、公正、公平地选用人才。在选用人才的过程中，不仅要对人才的“德、能、勤、绩、廉”进行全面考察，还要围绕是否有创新意识和开展“两型”事业的实践能力来考察相关人才，把人才引导到加快“两型社会”建设上来。

2. 依据“两型社会”具体人才需求，灵活采用各种选拔任用方式

中西部地区要根据本地区“两型社会”建设的具体人才需求，灵活采用包括选任制、委任制、考任制、聘任制和引任制在内的各种人才选拔任用方式。选任制是指通过选举产生的方式来确定任用对象的任用方式，采用选任制能够准确地将为中西部地区“两型社会”建设做出突出贡献的“两型人才”选拔出来，并任用到合适的岗位上去。委任制，亦称任命制，与选任制相对应，是指由立法机关或其他人事任免机关经过考察而直接任命产生行政领导者的制度。在“两型社会”建设的特殊时期和紧缺某方面人才的时候政，府机构可以大胆采用任命制，但要防止任命制易于出现的“任人唯亲”等不正常用人现象。考任制是指各单位和部门根据工作需要，公布范围条件，根据统一标准经过考试、选拔任用人才的制度，中西部地区各机构应根据“两型社会”工作岗位的特点，制定出一系列“两型人才”选拔任用的指标和要求公开招考“两型人才”，这样能够较为精准地选拔出一批适应中西部地区“两型社会”建设要求的各方面人才。聘任制相对于委任制而言又称聘用合同制，是指

① 张航，曹蓉．从劳动创新看人才类型及其培养途径［J］．延安大学学报（社会科学版），2011（6）：77-80.

用人单位通过契约确定与人员关系的一种任用方式。聘任制是人事制度改革的重点内容，也是中西部地区建设"两型社会"人才选拔任用的主要形式，其关键在于建立和完善招聘评聘、聘期考核、解聘辞聘制度，为人才各尽其用、能进能出做出保证。引任制是通过人事部门从国内外引进任用人才的方式，中西部地区要根据"两型社会"建设的需要，"招人"与"引智"相结合，积极主动地从其他地区甚至国外引进任用一些特殊岗位、关键岗位、急需岗位的人才，对于高层次人才可以采取非常规措施、制定特殊政策予以引进任用[①]。此外，要积极改革各类人才的选拔任用方式、创新雇佣员工形式，进一步推进人才市场体系的建设与完善，建立政府部门宏观调控、市场主体公平竞争、中介组织提供服务、单位自主招聘、人才自主择业、市场化的人才及人力资源的流动与配置机制。

（三）"两型人才"的发展保障

1. 为"两型人才"发展提供环境保障

中西部地区政府各部门一是要转变观念和提升认识，树立科学的人才观，把激励"两型人才"的发展作为建设"两型社会"战略支撑体系的重点。二是要加强组织领导，将"两型人才"发展工作作为各级政府和相关部门的工作重点，建立和完善促进"两型人才"发展的相关政策。三是要营造宽松氛围。要利用各种媒体，在整个社会树立尊重知识、尊重人才、尊重创造的观念，努力形成有利于各类"两型人才"脱颖而出的社会环境，领导干部对"两型人才"要真心尊重、真正爱惜、真诚服务，勇于摘除一切不利于"两型人才"成长和发展的藩篱，为"两型人才"干事创业、建功立业营造良好的环境和氛围。

2. 为"两型人才"发展提供法治保障

一是要健全法规，中西部地区要结合目前关于"两型社会"人才的实际情况建立和完善相关的法律法规，以使人才培养、选拔、任用和管理等各个环节都有法可依。二是要健全规划，要根据中西部地区"两型

① 王海文. 积极推进两型社会的人才制度建设［J］. 理论学习，2012（3）：52-57.

社会”建设战略的阶段和长期需要，制定相应的人才工作规划，这些规划可以细分到各个行业和各个领域。三是要加强执行和监管力度，要详细规定相关的执行内容和操作程序，以确保法规执行时有章可循，同时要加大对“两型人才”工作的执法监管力度。

3. 为“两型人才”发展提供激励保障

一是在中西部地区建立和完善多元化激励分配体系，可以通过采用加薪、提供培训机会、绩效奖金、福利保障、颁发荣誉证书等多样化形式激励“两型人才”，进而逐步建立适应于中西部地区各类机构的激励保障体系。同时要积极完善各级政府机构的工资制度以及附加津贴制度和奖金制度。要大力鼓励和支持有条件的单位实行与业绩挂钩的年薪制、协议工资制、项目工资制、津贴制，逐步建立起包括资本、技术、知识产权、管理等生产要素在内的完善的投资和分配制度。要大胆创新，勇于实践，实行一些新的奖励制度，如股权、期权奖励制度等，重奖对中西部地区“两型社会”建设做出突出业绩、有重大发明创造的拔尖人才，使收入分配向优秀人才倾斜。二是加大在设施、实验条件等方面的投入力度，使人才能够高效率地工作；着重在户籍引进、医疗保障、子女教育等方面为人才提供配套的优惠激励政策，努力解除人才的后顾之忧①，让他们安心创业，尽情创新。

4. 为“两型人才”发展提供经费保障

要加大中西部地区人才工作经费保障力度，逐步提高“两型社会”全面发展对人才的均衡和多元需求，在中西部地区要树立人才投入是效益最好的投入观念，为人才提供经费保障并逐步形成包括政府、社会、用人单位和个人在内的多元化人才投入机制。政府、各级行政机关、事业单位、科研院所以及各类企业要根据自身情况设立人才专项基金，同时鼓励和支持社会各界以各种合法形式参与到人才投入中。此外要避免资金的重复投入，提高资金使用效率。

5. 为“两型人才”发展提供平台保障

中西部地区政府需要对政治、经济、文化和社会等方面进行创新，

---

① 王海文. 积极推进两型社会的人才制度建设 [J]. 理论学习，2012 (3)：52-57.

以适应“两型社会”建设的需要。中西部地区政府要鼓励和支持一些高水平的国家重大建设项目和科学工程项目的实施。各部门机构要根据自身的情况，利用各自的优势，积极构建特色平台和项目，并着重促进创新载体建设，发挥其在促进“两型人才”发展方面的示范作用，为各类“两型人才”提供广阔的平台，如加大工程技术研究中心、科技园等的建设力度。

第三章　支撑中西部地区“两型社会”建设战略的基础设施体系

基础设施是指国民经济中为社会生产和再生产提供一般条件的部门和行业，包括交通、邮电、供水、供电、商业服务、科研与技术服务、环境保护、文化教育、卫生事业等技术性工程设施和社会性服务设施。“两型社会”建设战略的主旨是促进社会经济“又好又快”地发展，必须有相应的基础设施做支撑。中西部地区要针对自身的基础设施建设现状与问题以及区域特征，以交通、水利、电网、信息以及环境基础设施为建设重点，推动新型城镇化、新型工业化和农业现代化的发展，实现“两型社会”建设的战略目标。本章首先分析中西部地区基础设施体系的现状与问题，其次研究“两型社会”对中西部地区基础设施体系建设的要求及发展重点，最后对中西部地区基础设施建设提出相关的对策建议。

第一节　“两型社会”视角下中西部地区基础设施建设的现状及问题

一、中西部地区基础设施的现状分析

中西部地区是我国未来10年乃至20年建设“两型社会”的重要区域。然而，我国中西部地区交通设施、水利设施、能源与电网设施、信息设施以及资源与环境设施都明显落后于东部地区，这严重制约了中西部地区经济的快速发展和“两型社会”建设战略的实施。

（一）中西部地区交通基础设施建设滞后

对于中西部地区，特别是西部地区来讲，交通是基础设施中的重中之重，它不仅是中西部地区加快和外部沟通的重要桥梁，而且是中西部

地区丰富自然资源价值得以充分体现、产业得以发展壮大、生产要素得以有效配置的前提。据估算，每百万人口拥有的公路里程数每提高一个百分点，人均 GDP 增长率就提高 0.82 个百分点。但目前中西部地区交通设施“两低、两差、两不足”的问题突出。“两低”即交通运输路网密度低，道路通达水平低；“两差”即道路等级低、道路质量差，出区出海条件差；“两不足”即建设资金投入不足，自我造血功能能力不足[①]。这些问题的存在，在一定程度上影响了中西部地区经济社会的可持续发展。

（二）中西部地区水利基础设施薄弱

“两型社会”建设内含资源节约型社会建设，要求中西部地区有效利用水资源。水资源是中西部地区，特别是我国西北地区经济社会可持续发展的关键制约因素，加快水利建设是促进中西部地区发展的基础。水土资源组合极端不均衡是中西部地区可持续发展中最突出的矛盾。我国西部水资源总量占全国的 45.9%，而 83% 集中在西南部。西北地区干旱少雨，水资源总量仅占全国总量的 8%，资源型缺水问题突出。水利作为国民经济的基础设施和基础产业，是整个国民经济的命脉，尤其是对于水资源未能充分利用、水利建设落后的中西部地区，水利建设状况直接关系到中西部地区经济社会的健康发展。近年来我国重视对中西部地区水利基础的建设，但与交通、电力、通信等其他基础设施相比，水利基础设施建设更加滞后，是中西部地区基础设施建设的短板。在防洪工程体系方面，我国中西部地区仍然存在诸多的薄弱环节，见表 3－1 所列。中西部地区中小河流防洪标准低，大量的中小河流未进行有效治理，目前大多数中小河流只能防御 3～5 年一遇的洪水，甚至有一部分中小河流根本就没有设防，更不用说达到国家规定的 10～20 年一遇以上的防洪标准了。在水资源配置工程体系方面，中西部地区水库调蓄能力不足，特别是西南地区水资源开发利用率低下，工程性缺水问题严重。我国中西部地区水资源分布尚不均衡，水资源配置体系尚不完善，很多地区缺水现象严重，供水安全保障程度不高，需要建设跨流域、跨区域的水资源

---

① 白永秀，严汉平．西部地区基础设施滞后的现状及建设思路［J］．福建论坛（经济社会版），2002（7）：2.

调配工程，解决资源性缺水地区水资源承载能力严重不足的问题。

表3-1　2011年东中西部地区水利设施和除涝面积

地区		水库数（座）	水库总库容量（亿立方米）	除涝面积（千公顷）
东部地区	北京	82	938 716	149.77
	天津	28	264 516	376.75
	河北	1 077	1 611 222	1 649.72
	上海	—	—	56.82
	江苏	907	1 890 762	2 778.25
	浙江	4 243	3 989 228	499.71
	福建	3 355	1 889 711	134.58
	山东	6 291	2 274 374	2 666.29
	广东	7 475	4 303 749	519.08
	海南	996	1 000 175	20.20
	地区总量	24 454	18 162 453	8 851.17
中部地区	山西	752	677 952.5	89.13
	安徽	4 927	2 855 931	2 283.40
	江西	9 824	2 941 128	378.24
	河南	2 478	4 030 608	1 973.30
	湖北	5 866	9 990 003	1 219.48
	湖南	12 251	4 300 615	448.83
	地区总量	36 098	24 796 237.5	6 392.38
西部地区	内蒙古	502	1 738 053	277.00
	广西	4 349	3 783 933	211.40
	重庆	2 852	790 742	—
	四川	6 759	2 150 636	94.44
	贵州	2 087	3 585 800	54.81
	云南	5 593	1 348 316	257.77
	西藏	75	128 666	22.34

（续表）

地区		水库数（座）	水库总库容量（亿立方米）	除涝面积（千公顷）
西部地区	陕西	1 041	770 063	131.97
	甘肃	318	1 032 069	12.47
	青海	157	3 419 393	—
	宁夏	254	282 779.7	10.50
	新疆	576	1 444 027	43.61
	地区总量	24 563	20 474 477.7	1 116.31

注：上述数据来自2012年《中国统计年鉴》。"—"表示数据缺失。

（三）中西部地区能源与电网基础设施投入不足

我国中西部地区能源资源丰富，但能源资源开发仍然不足，能源结构仍然不优，综合开发利用率仍然较低，煤炭等矿产资源受市场波动的影响较大，供需矛盾也比较突出。电网是中西部地区经济发展的重要基础设施，虽然我国重视中西部地区电网的建设，近年来中西部地区电网结构得到改善，供电可靠性显著提高，但受多种因素制约，目前我国中西部地区电网建设的投入仍显不足，与实际需要相比存在相当大的差距，表现为中西部地区电网总体上覆盖面不够，尤其是在中西部偏远地区，电网改造面低。农业生产供电设施以及独立管理的农场、林场、小水电自供区等电网大部分没有改造，部分地区还没有实现城乡用电同网同价，一些改造过的电网也与快速增长的用电需求不相适应。节约是发展中的节约，"两型社会"建设固然要节约能源，但能源和电力不足就会制约社会经济的发展，也就难以推进"两型社会"建设。中西部地区能源与电网基础设施建设投入不足的问题必须解决，否则难以加快社会经济的发展和"两型社会"的建设，见表3-2所列。

（四）中西部地区信息基础设施建设有待加强

信息基础设施建设是"两型社会"中现代化建设的重要项目之一。对我国中西部地区而言，无论是要实施跨越式发展战略，发展本地区信息及知识产业，还是要缩小与东部地区的差距，实现经济和社会的全面发展与进步，信息基础设施都是一个最为基础的条件。然而我国知识资源分布不平衡，东部地区综合知识发展指数明显高于中西部地区。尽管中西部地区信息基础设施的建设已经取得了长足的进步，但是由于中西部地区，特别是西部地区，地广人稀，建设投资大，需求不足，回收期长，经济效益差，仅靠市场机制无法有效解决信息基础设施的建设问题，与全国平均水平和东部地区相比存在明显差距。更为重要的是，代表着先进信息技术的互联网和移动通信的中西部地区用户数增长缓慢，见表3-3所列。

表3-2　2011年东中西部地区电力和能源消耗量

地区		电力消耗量（亿千瓦小时）	能源消耗量（吨标准煤/万元）
东部地区	北京	821.71	0.46
	天津	695.15	0.71
	河北	2 984.90	1.30
	上海	1 339.62	0.62
	江苏	4 281.62	0.60
	浙江	3 116.91	0.59
	福建	1 515.86	0.64
	山东	3 635.26	0.86
	广东	4 399.02	0.56
	海南	185.28	0.69
	平均水平	2 297.533	0.698
中部地区	山西	1 650.41	1.76
	安徽	1 221.19	0.75
	江西	835.10	0.65
	河南	2 659.14	0.90
	湖北	1 450.76	0.91
	湖南	1 293.44	0.89
	平均水平	1 518.34	0.943

（续表）

地区		电力消耗量（亿千瓦小时）	能源消耗量（吨标准煤/万元）
西部地区	内蒙古	1 864.07	1.41
	广西	1 112.21	0.80
	重庆	717.03	0.95
	四川	1 751.44	1.00
	贵州	944.13	1.71
	云南	1 204.07	1.16
	西藏	23.77	—
	陕西	982.47	0.85
	甘肃	923.45	1.40
	青海	560.68	2.08
	宁夏	724.54	2.28
	新疆	839.10	1.63
	平均水平	970.58	1.167

注：表中数据来自2012年《中国统计年鉴》。"—"表示无数据。

表3-3　东中西部地区2011年信息基础设施情况

地区		电话普及率（部/百人）	手机普及率（部/百人）	互联网上网人数占人口比例
东部地区	北京	176.34	131.29	0.68
	天津	120.82	95.12	0.53
	河北	88.09	70.82	0.36
	上海	154.02	113.79	0.65
	江苏	115.08	84.95	0.47
	浙江	141.43	105.67	0.56
	福建	123.69	96.21	0.57
	山东	94.02	74.24	0.38
	广东	133.51	103.37	0.60
	海南	97.43	77.29	0.39
	平均水平	118.58	91.05	0.50

（续表）

地区		电话普及率（部/百人）	手机普及率（部/百人）	互联网上网人数占人口比例
中部地区	山西	87.55	68.46	0.39
	安徽	75.60	54.72	0.27
	江西	67.14	52.04	0.24
	河南	68.08	53.82	0.28
	湖北	86.83	69.02	0.37
	湖南	72.46	57.06	0.30
	平均水平	75.00	58.26	0.30
西部地区	内蒙古	109.05	93.70	0.34
	广西	69.06	54.94	0.29
	重庆	82.23	62.43	0.37
	四川	77.08	59.89	0.28
	贵州	70.37	58.76	0.24
	云南	70.37	58.76	0.25
	西藏	78.72	65.25	0.30
	陕西	98.60	77.84	0.38
	甘肃	78.56	63.07	0.27
	青海	100.83	82.32	0.37
	宁夏	99.35	82.22	0.32
	新疆	100.19	76.47	0.40
	平均水平	81.67	65.41	0.30

注：表中数据来自2012年《中国统计年鉴》。

（五）中西部地区资源与环境基础设施仍需完善

随着中西部地区经济总量的进一步提升，工业化与城镇化不断推进，居民收入水平不断提高，消费结构不断升级，资源需求持续增加，资源供需矛盾将越来越突出，环境压力将越来越大。中西部地区在工业废气、二氧化硫、工业烟尘、工业废水的排放量和工业固体废弃物的产生量上都远高于东部地区，其中西部地区的污染程度最为严重，严重影响到中西部地区的投资环境。表3－4列出了2011年东中西部地区废水废气排放量。另一方面，中西部地区在污染治理方面投入又极其不足，从表3－4中可以看出，在环境污染治理基础设施的投资上，中西部地区远远落后东部地区，中部和西部地区的污染治理投资均不到东部地区的一半。更为重要的是，中西部地区，特别是西部地区，地方政府财力比较薄弱，相当一部分县市依赖于中央财政的转移支付，而当地企业也存在盈利能力弱、对环境污染治理投资不足的问题。如果没有外部力量的强大支持，中西部地区高污染量、低污染治理投入的现象在短期内将难以改变。

表3－4　2011年东中西部地区废水废气排放量及治理投资

地区		二氧化硫排放量（万吨）	废水排放量（万吨）	环境污染治理投资（亿元）
东部地区	北京	9.79	145 469	213.1
	天津	23.09	67 147	174.9
	河北	141.21	278 551	623.9
	上海	24.01	214 155	144.8
	江苏	105.38	592 774	575.8
	浙江	66.20	420 134	238.7
	福建	38.92	420 134	198.4
	山东	182.74	443 331	614.1
	广东	84.77	785 587	332.6
	海南	3.26	35 725	28.0
	地区总量	679.37	3 403 007	3 144.3
中部地区	山西	139.91	116 132	248.5
	安徽	52.95	243 265	267.5
	江西	58.41	194 432	241.2
	河南	137.05	378 785	163.3
	湖北	66.56	293 064	259.8
	湖南	68.55	278 811	127.3
	地区总量	523.43	1 504 489	1 307.6

（续表）

地区		二氧化硫排放量（万吨）	废水排放量（万吨）	环境污染治理投资（亿元）
西部地区	内蒙古	140.94	100 389	395.9
	广西	52.10	222 439	161.5
	重庆	58.69	131 450	259.2
	四川	90.20	279 852	140.1
	贵州	110.43	77 927	64.9
	云南	69.12	147 523	119.2
	西藏	0.42	4 635	28.2
	陕西	91.68	121 815	153.3
	甘肃	62.39	59 232	59.6
	青海	15.66	21 292	26.2
	宁夏	41.04	39 432	57.4
	新疆	76.31	83 329	132.7
	地区总量	808.98	1 289 315	1 598.2

注：表中数据来自2012年《中国统计年鉴》。

二、中西部地区基础设施建设存在的主要问题

近年来我国虽然加强了对中西部基础设施的建设，但在很多方面仍然存在问题。具体表现为以下三个方面：

（一）基础设施的平均发展水平依然较低

基础设施的平均发展水平是支撑社会经济发展力度大小的显示器。我国中西部基础设施总量规模虽然快速增长，但是与东部地区相比，基础设施平均水平依然存在较大差距，难以有效支撑中西部地区“两型社会”建设的需求。这除了资金投入不足的因素外，还和中西部地区现代基础设施的建设起步晚、基础薄弱有关。

（二）基础设施供给结构与需求结构不相匹配

我国中西部基础设施领域经过多年的快速发展，在数量和质量上已

经有了很大提升，基础设施结构也渐趋合理化，但从满足“两型社会”建设的需求来讲，不仅基础设施整体规模仍然滞后于经济增长与社会发展的需要，而且从我国中西部基础设施的供给结构上看，有些现代工业发展所必需的基础设施建设尚未得到应有的重视，如污染治理基础设施、新能源基础设施、高科技基础设施等的发展仍然十分滞后。

（三）基础设施区域布局不尽合理

基础设施的区域配置关系到社会经济在空间上协调发展和城乡一体化的进程。从经济发展角度看，基础设施的区域配置状况会影响生产要素的流动，从而影响区域的经济运行和市场化水平。我国中西部地区基础设施区域布局结构不尽合理，空间配置不够均衡，大中城市基础设施相对完善，大型基础设施主要集中在大中城市，农村及中小城市基础设施相对落后，妨碍了地区之间协调发展，并将影响“两型”城乡共同体的建设。

第二节　“两型社会”建设战略对基础设施的要求及发展重点

一、“两型社会”建设战略对基础设施的要求

基础设施是城市生活的基石、城乡一体的纽带、市际互动的桥梁、城市群协同发展的保障。“两型社会”建设战略的主旨是促进社会经济“又好又快”地发展，必须有相应的基础设施做支撑。“两型社会”建设战略要求将基础设施建设作为发展的重点之一。中西部地区的基础设施建设必须满足“两型社会”建设的现实需要，有利于促进资源节约、环境友好，有利于加快区域融合、优势互补，有利于促进区域发展，提升区域核心竞争力。中西部地区要针对自身的基础设施建设现状与问题以及区域特征，把交通、水利、电网、信息以及环境基础设施建设作为重中之重，加快形成“布局合理、功能完备、特色鲜明、承载力强”的城乡基础设施体系，推动新型城镇化、新型工业化和农业现代化的协调发展，从而实现“两型社会”建设的战略目标。

二、中西部地区基础设施的建设重点

（一）中西部地区的交通基础设施体系建设

我国中西部地区交通运输业发展的空间格局具有如下特征：第一，中西部地区铁路的线路长度、路网密度及货流密度都明显低于沿海地区；第二，我国经济发展的重心正在由沿海地区逐步向中西部地区转移，中西部地区的大规模开发必然要求交通运输先行，同时在我国中西部地区的发展中，能源、原材料工业仍然占有很大比重，与沿海地区相比，货运量的需求弹性较高，因此，中西部地区是我国未来交通运输发展的重点区域；第三，中西部地区地域辽阔，需要强化增长极的枢纽作用，因此，交通基础设施建设需要与中西部地区的城市体系建设相结合，建设中心城市与中小城市及农村之间的交通运输网络。

我国中西部地区交通基础设施建设可分阶段进行，现阶段的发展战略应当是一种基于区域协调发展的非平衡增长战略，即在中部实行交通基础设施与社会经济发展“适应型”的发展战略，在西部实行交通基础设施“适度超前”的发展战略；随着“两型社会”建设的不断推进，中部和西部地区均采取与东部地区交通基础设施“同步发展”的战略，不仅使中西部地区之间的交通基础设施建设水平逐步缩小差距，而且使中西部地区的交通基础设施建设逐步赶上东部地区。

具体而言，第一，要大幅增加中西部地区铁路的线路长度，提高路网密度与货流密度，特别是要加强中西部承担笨重货物长途运输的铁路建设。2014—2015 年，国家铁路要完成固定资产投资 1.2 万亿元，铁路建设将以中西部地区为重点，“十三五”期间铁路投资仍将在高位运行。同时深入推进铁路投融资体制改革，加快向社会资本放开城际铁路、市域铁路、资源开发性铁路和支线铁路的所有权和经营权，支持地方政府、社会企业以股权投资、资产重组、特许经营等方式，投资铁路建设或参与铁路经营开发[①]。这将给中西部地区的铁路发展带来机遇。第二，要加

① 盛光祖：2014 年铁路建设将以中西部地区为重点［EB/OL］. http：//politics. people. com. cn/n/2014/0110/c1001-24076691. html，2014-01-10.

快完善公路交通体系的步伐。早在2004年国务院颁布的《国务院关于进一步推进西部大开发的若干意见》中就提出，5年内建成“五纵七横”国道主干线西部路段①，这对西部地区甚至中部地区公路交通体系的建设都产生了巨大的推动作用。中西部地区要在充分利用国家相关扶持政策的同时，挖掘自身潜力，加快城乡公路交通网络的建设。第三，在加快构建陆路综合交通体系的同时，逐步完善航空布局，形成以干线机场为中心、支线机场与干线机场相协调的航空网络结构，并改善内河通航条件，进一步加强内河航运的基础设施建设。这样，中西部地区就可以形成联通内外的综合交通运输网络，借此不仅能够强化中西部地区与沿海地区的通道，加强区域经济之间的联系，促进我国区域经济与社会的协调发展，而且对中西部地区的“两型社会”建设形成强有力的支撑。

（二）中西部地区的水利基础设施体系建设

如果将地球视作一个动物有机体，那么水就是其血液循环系统，水不仅是自然生命之源、生态之基，而且是人类生产之要、生活之本，因此水利就成为经济社会发展的条件支撑，兴水利、除水害也就成为历来治国安邦的大事。新形势下，社会经济发展和水资源的矛盾更加尖锐，水利在经济安全、生态安全、国家安全中的地位更加重要，对社会经济可持续发展的作用更加突出。

“两型社会”战略的实施，要求中西部地区加强水利基础设施建设，充分发挥中部地区与西南地区的水资源优势，建设一批骨干水利工程和重点水利枢纽，除了发电防洪、促进经济增长外，还要加强生态环境保护，强化旱涝灾害的应对和地质灾害的防治；实施重点生态工程，以重点生态功能区为抓手，筑就国家生态安全屏障。中部地区要加强大江大河大湖的综合治理。西部地区要以合理开发利用和节约保护水资源作为首要任务，大力推行节水技术和节水措施，鼓励地方政府兴建各类节水设施，因地制宜建设大中小型水利工程。西北地区要大力发展节水型产业，在水资源的可承受范围内，合理规划产业布局，鼓励企业建造耗水

① 国务院关于进一步推进西部大开发的若干意见［EB/OL］. http://www.gov.cn/zwgk/2005-08/12/content_21723.htm，2005-08-12.

量低的项目，积极建设节水型社会。在节约资源的同时还要加强对重点流域的综合治理、水资源的科学调配以及水源涵养地的保护，协调河流上游、中游、下游各省市之间的利益关系。要提高对地下水资源的勘查和监测，加强对水污染的防治工作。

另外，中西部地区要进一步加强农田水利建设，对大中型灌区、灌排泵站进行配套改造，注重建设和管护机制的完善，在水土资源丰富地区新建一批灌区，搞好抗旱水源工程建设，同时引导市场力量，加强农村小微型水利设施建设；要在田间工程建设上发力，对中低产田进行改造，扩大旱涝保收高标准农田规模，充分发挥粮食主产区的粮食安全功能；要在农村饮水安全工程建设上下功夫，大力推进农村集中式供水，特别是要保证偏远落后地区有足够的清洁安全的饮用水；要加大农村小微型水电、风电、太阳能电力、沼气体等的扶持力度，特别要重视偏远落后地区的电网升级改造工程[①]；要加强农村饮用水水源地保护、地下水的保护和水污染的综合治理。

（三）中西部地区的能源与电网基础设施体系建设

社会经济发展离不开能源与电力等基础设施的建设。目前，我国中西部地区的主要能源是煤炭，长期使用煤炭势必会造成环境污染，违背了“两型社会”节能环保的主旨。我国中西部地区要利用区域优势，一方面，要大力提高煤炭资源的利用效率，减少污染；另一方面，要大力发展清洁能源，如风能、太阳能等。电网基础设施体系的建设要贯彻“城乡统筹、东中西部协调发展”的方针，加强中西部地区能源基础设施建设，一方面，要重点解决偏远落后的农村地区的用能、用电，实现电力的普惠服务；另一方面，鼓励就地取材，因地制宜，鼓励农村地区的小微型水电、风电、太阳能电力的发展，尽量降低无电人口的比重。我国中西部地区对能源与电网基础设施体系建设的重点主要体现在以下三点：第一，加强西部能源基础设施建设，推进西部资源优势转化为经济

---

① 赵洪涛．加强水利和防灾减灾体系建设［N］．中国水利报，2011-03-18；国民经济和社会发展第十二个五年规划纲要（全文）［EB/OL］．http：//www.gov.cn/2011lh/content_1825838.htm，2011-03-16.

优势。要充分发挥西部地区作为全国石油天然气生产和加工基地的作用，走清洁能源发展道路，支持西部地区大力开发水电，合理配置火电，合理调整水电的实际税赋。第二，走有中国特色的农村能源多样化和可替代性的发展道路，即把农村能源建设与社会主义新农村及美好乡村建设、农民生活质量的提高、农村经济的发展、农村环境的改善、基础设施的建设结合起来，与能源产业化工程相结合。第三，加快清洁能源的开发与利用，努力提高电网的覆盖面和智能化水平，推进清洁能源的并网使用。

（四）中西部地区的信息基础设施体系建设

建设"两型社会"的本质，就是要处理好信息化与新型工业化、新型城镇化、农业现代化的关系，解决既往城市化、工业化和现代化过程中的弊端。这离不开信息基础设施体系的建设。工业和信息化部赛迪研究院信息化形势分析课题组在分析2012年我国信息基础设施建设状况的基础上，对2013年的发展做过这样的展望：宽带应用加速普及，信息化区域发展可圈可点，移动互联网新业务风生水起，大数据商业模式应运而生，智能工业先军突起，公共服务在电子政务建设中占据重点，智慧城市建设初具规模，社会与民生服务领域信息化开花结果，信息产业结构调整步伐加快，信息化与工业化、城镇化和农业现代化的协调发展势头良好，在发展方式转变中作用凸显。但是，我国信息化呈现出明显的地域性差别，东部地区信息化发展水平明显高于中西部地区。东部地区网民比例高于其人口比例，而中西部地区的网民比例则低于其人口比例；移动电话普及率方面，东中西部地区也存在明显的差距。东中西部信息化特点也各不相同，东部地区具有较好的信息化基础，侧重于数字内容建设和信息化深度应用，"云服务平台""网格化社会管理""智慧城市""数字社区""智慧产业"等成为各省市信息化建设的重点；中西部地区正处于信息基础设施快速普及阶段，侧重于政府主导的国土资源管理、人口管理、农业水利等基本信息化建设①。中西部地区对信息基础设施体

① 工业和信息化部赛迪研究院信息化形势分析课题组．信息化：应用走向深入需建立普遍服务机制［N］．中国电子报，2012-12-28.

系建设的重点主要包括：第一，继续实施“西新”工程，进一步扩大农村地区的广播电视覆盖率；第二，建立邮政普遍服务和电信普遍服务基金的补偿机制，促进中西部地区农村邮政和电信服务的进一步普及；第三，大力加强中西部地区信息网络建设，争取在近期内让中西部地区网民比例达到全国平均水平。

（五）中西部地区的资源与环境基础设施体系建设

“良好生态环境是最公平的公共产品，是最普惠的民生福祉”①，生态建设和环境保护是中西部地区“两型社会”建设的重要任务和切入点。我国中西部地区要以统筹实现生态改善、农民增收和地区经济发展为目标，以退耕还林、退牧还草、天然林保护、风沙源治理和已垦草原退耕还草、污水及垃圾无害化处理等生态建设工程作为建设重点，大力推进中西部地区资源与环境基础设施的建设。

“山水林田湖是一个生命共同体，人的命脉在田，田的命脉在水，水的命脉在山，山的命脉在土，土的命脉在树。用途管理和生态修复必须遵循自然规律，如果种树的只管种树、治水的只管治水、护田的单纯护田，很容易顾此失彼，最终造成生态的系统性破坏。”② 要按照“稳定和扩大退耕还林、退牧还草范围，调整严重污染和地下水严重超采区耕地用途，有序实现耕地、河湖休养生息”③ 的改革思路，对中西部地区的资源与环境基础设施体系建设进行整体谋划，把治水护地、治山造林、治沙增绿与加强基本农田建设、农村能源建设、生态移民、后续产业发展等配套保障措施结合起来④。要优先治理江河源头及两岸、湖泊水库周围的陡坡耕地；加强对天然草原的恢复和治理并进行基本草场的建设，鼓励和引导牧民采用舍饲和轮牧相结合的模式；大力开发后续加工产业，

① 中共中央文献研究室．习近平关于全面深化改革论述摘编［Z］．北京：中央文献出版社，2014：107.

② 习近平．关于《中共中央关于全面深化改革若干重大问题的决定》的说明［N］．人民日报，2013-11-16.

③ 中共中央关于全面深化改革若干重大问题的决定［N］．人民日报，2013-11-16.

④ 国务院关于进一步推进西部大开发的若干意见［EB/OL］．http：//www.gov.cn/zwgk/2005-08/12/content_ 21723.htm，2005-08-12.

推进农牧业产业化，以及污水垃圾的无害化处理；加强天然林、自然景观和人文景观的保护，荒漠化、石漠化的综合治理以及公园、灰色基础设施的生态化改造；把重要生态功能区的保护任务落到实处，对于在建或将要投建的重大建设项目要加强环境监管，对于高污染的矿区要加大环境保护与整治的力度。借此建设形成保护地、自然景观、公园及开放空间区域、再生土地、保护廊道、绿带、景观连接体、污水垃圾处理场、生态功能区、高峡平湖、沙漠绿洲等中西部地区资源与环境基础设施，给自然留下更多修复空间，让老百姓能够头顶着蓝天白云，流连于绿水青山。

第三节　推进中西部地区“两型社会”基础设施建设的对策

基础设施建设是一项系统工程，其建设过程遵循工程的生命周期，主要包括规划、实施、运营三个环节。本节即围绕这三个环节系统思考中西部地区“两型社会”基础设施建设的对策。

一、“规划”环节的对策

基础设施建设规划作为基础设施建设全过程的首要环节，是后续实施环节的前提和整个工程管理的依据，其主要任务在于对基础设施建设工程项目进行论证和设计。基础设施工程论证过程，特别是重大工程论证过程一般具有工程浩大，问题复杂，自然价值、社会价值、经济价值、科技价值、人文价值等多元价值效应和永久公益性质，公众关注程度高等特征。相应地，其设计具有系统性、阶段性、全局性和相关性，科学规范的工程设计有助于保证质量、缩短工期、减少投资、提高效益、节约资源、保护环境。因此，中西部地区“两型社会”基础设施建设规划，需要通过建立统一协调的规划管理组织机构、构建民主科学的规划修编与决策制度和强化基础设施建设工程项目规划的法律责任等来保证。

（一）建立统一协调的规划组织机构

中西部地区“两型社会”基础设施建设不是封闭孤立的运作，往往需要地区之间协调合作，要求中部地区、西部地区与东部地区之间进行资源合理分配、共同发展。政府应当建立统一协调的规划组织机构来对中西部地区的基础设施建设进行统一部署与安排。该机构要对我国基础设施建设进行总体上的论证和设计，制定一个总的规划，再根据不同地区的发展水平、状况对各个区域实行不同的建设战略，如东部地区的基础设施水平较高，而中国西部地区的基础设施水平较为落后，该机构要平衡我国基础设施建设不均衡的现状，将建设的重点转移到中西部地区。

（二）构建民主科学的规划修编与决策制度

基础设施建设工程论证是基础设施建设工程决策者（政府、企业或个人）针对拟建基础设施工程项目，在充分听取各类专家和社会公众意见的基础上所进行的必要性和可行性论证。重大基础设施建设工程一般具有构成复杂、技术复杂、设计过程复杂等特征，需要重点关注其设计中的分级优化、动态调度、协同关系等问题。为此应当建立民主科学的规划修编与决策制度，主要包括三方面：一是建立区域发展战略研究机制，汇聚国内外专家持续进行区域发展战略研究。二是严格规划公开招投标制度、规划咨询制度、规划审批和规划调整修订制度，规划不仅要充分听取吸纳各类专家的意见，还应实施规划听证制度，欢迎社会公众参与规划，提出合理化建议，增强规划的科学性、可行性、公众的接受性与严肃性。三是加强规划衔接。在“两型社会”建设总体战略规划的框架下，通过动态调度、协同设计，系统优化中西部地区交通、水利、能源与电网、信息、资源与环境等基础设施的建设规划，提高规划覆盖面，并确保规划编制能着眼长远、适当超前，增强综合承载能力，坚持环境容量先行，突出生态环保的要求，防止资源过度开发。

（三）强化基础设施建设工程项目规划的法律责任

在基础设施建设工程项目规划中，必须附有购买或维护必要的环境保护设备的论证和设计，并具有环境保护设备与基础设施建设工程项目同时施工、同时运营的保障措施和法律责任约束；相关职能部门要按照各自职责制定和出台相应的实施办法，从法律强制性的高度，对不符合环境标准和“两型社会”建设要求的基础设施建设工程项目，规划部门不许选址，发改部门不准立项，国土部门不给供地，环保部门不让通过环评，建设部门不允批建，房产部门不予发证，确保基础设施建设工程项目规划符合“两型社会”建设的要求。同时还必须强化规划执行中违规违法行为的查处力度和查处频率。

二、“实施”环节的对策

“两型社会”基础设施建设工程项目的实施是一个多种技术方法综合运用的复杂过程，提高质量、保证进度、降低成本、控制风险等是其与其他工程项目实施的共性目标，它与其他工程项目实施一样，需要精细的计划、严密的组织、科学的领导、合理的控制，以保证其顺利实施，需要关注其实施中的目标协调、组织方式和协同模式等。除此之外，因其是服务和支撑“两型社会”建设的，故在其实施过程中特别要求坚持生态环保优先、注重“两型技术”的创新和应用、推进项目实施的共建共享。

（一）坚持生态环保优先

在基础设施建设工程项目实施中要践行生态资源价值化的理念，坚持节约、环保优先，最大限度地减少基础设施建设工程项目实施中对资源的消耗、环境的污染和生态的破坏，并注重基础设施对生态环保产业的支撑；在城市拓展和市政建设中要坚持生态宜居宜业优先，通过基础设施建设工程项目的实施为居民打造“蓝天、碧水、绿地、洁净”的宜居宜业环境；在区域对接和城乡统筹中要坚持生态整体统筹优先，依据本地资源环境禀赋推进可持续的基础设施建设工程项目的实施，使其能够促进生产力的合理布局、产业的生态转型和城乡的统筹发展。

2013 年 12 月，国务院召开常务会议，部署推进青海三江源生态保护、建设甘肃省国家生态安全屏障综合试验区、京津风沙源治理、全国五大湖区湖泊水环境治理等一批事关全国生态保护大局的重大生态工程项目的建设。中西部地区政府相关部门，要在国家整体部署的基础上，借鉴甘肃省国家生态安全屏障综合试验区的建设经验，根据各省的实际情况与自身特点，推出各种生态安全、生态保护综合试验区、综合治理区，并研究一批生态工程项目、储备一批生态工程项目、抓紧实施一批生态工程项目，把生态保护工程持久地坚持下去，通过 30～50 年的努力，使中西部地区的生态环境有一个质的飞跃。需要指出的是，在这些资源与环境基础设施建设工程项目的实施过程中，特别需要坚持生态环保优先，否则就有可能适得其反，自身否定自身，导致资源与环境基础设施建设工程项目实施过程中的“反生态”和“非环保”的悖论。

（二）注重“两型技术”的创新和应用

中西部地区应按照创新驱动的思路，以自主创新促进基础设施建设工程项目的实施：第一，注重技术创新，大力研发先进技术特别是“两型技术”，并将之应用到基础设施建设工程项目的实施中去；第二，注重融资创新，为中西部地区的“两型社会”基础设施建设工程项目实施提供成本更低、来源更广、时间更长的融资渠道，支持“两型技术”的创新及其在基础设施建设工程项目实施中的应用；第三，注重管理创新，提高基础设施建设工程项目实施的质量，降低基础设施工程项目实施的成本，确保“两型技术”在基础设施建设工程项目实施中的合理应用，规避基础设施建设工程项目实施的技术风险和生态风险。

（三）推进项目实施的共建共享

“两型社会”基础设施建设工程项目的实施要坚持共建共享，实行成本共担、利益共享的建设模式。通过共建共享，充分发挥规模经济的作用，提高“两型社会”基础设施建设工程项目实施的规模效益；通过共建共享，把那些力量薄弱的中小建设企业纳入进来，使之成为“两型技术”应用的承担者和受益者，减少基础设施建设工程项目实施中的污染源，提高资源的利用效率。

从广义上理解，“两型社会”基础设施建设工程项目的实施还包括其验收环节。通过项目实施所创造出来的物质成果理当改善人们的生活或工作条件，为“两型社会”建设创造新的物质基础和有效支撑；在工程实施过程中所创造的知识、积累的经验和培养的人才理当成为最为珍贵的工程成果，成就最具本质意义的核心竞争力。这些都需要通过运用特定的模式、评价体系和交付方法等对工程进行验收，在验收中总结和提高。对于验收中发现的问题要适时、妥善地加以解决。

三、“运营”环节的对策

“两型社会”基础设施建设工程项目的运营是彰显其持久性、效益性、社会性、资源节约性、环境友好性等功能特征的必备环节。工程项目运营环节关注的重点是运营过程中的工程维护、工程评价和市场机制等，这些关注点的落实需要通过设立专门的运营监管机构、建立多元化的融资渠道和合理的运营利益分享机制、采用适当的基础设施折旧方法等措施加以保证。

（一）设立专门的运营监管机构

在基础设施建设的过程中，规划是龙头，实施是核心，运营是归宿。规划靠实施来对象化，实施靠运营来效益化。没有良好的运营，再好的“两型社会”基础设施也不能实现规划目标，因此中西部地区“两型社会”基础设施建设不仅要规划好、实施好，而且建成后要运营好。基础设施的运营要有监管机构对其进行监管，保证基础设施合理有效地发挥其应有的作用，彰显其持久性、效益性、社会性、资源节约性、环境友好性等功能特征。政府应该设立专门的运营监管机构，定期对基础设施运营状态与成效进行分析研究，对运营良好的基础设施主体给予一定的资金鼓励，并将运营经验进行广泛分享；对运营过程中出现问题的基础设施，要尽早查明问题所在，并提出合理的解决方案，改善基础设施运营不当的状况，恢复基础设施对社会经济发展应有的支撑作用。同时，监管机构要对运营中的基础设施进行评估，淘汰污染大、设备旧的基础设施，并引进能促进社会经济“两型”化发展的新型基础设施，保障“两型社会”建设战略的有效实施。

（二）建立多元化的融资渠道和合理的运营利益分享机制

“两型社会”基础设施具有基础性、准公共物品性的特性，其建设周期长，投资数量较大，回报率低，回收周期长。然而，中西部地区地方政府财力有限，对“两型社会”基础设施建设的资金投入不足，财政投入只能用于部分紧迫必需的公共服务设施建设上；而银行信贷不仅受信贷规模控制，审批严格，且需要抵押和担保，贷款周期过短，难以满足长期资本投入的需要。因此，一方面，中西部地区自身要扩大地方财政支出；另一方面，要尽力争取中央政府的投资。2014 年 8 月，国务院召开常务会议，部署推进生态环保养老服务等重大工程建设以调结构、促发展、推升级。会议明确提出，今明两年抓紧推进三大工程，其中列在第一项的是实施大气污染和重点流域水污染防治、天然林资源保护二期、退耕还林还草等工程，推动改善生态环境；列在第三项的是大力发展清洁能源，开工建设一批风电、水电、光伏发电及沿海核电项目。中西部地区应利用这些工程项目建设的契机，进一步强化中西部地区的能源与电网基础设施体系建设。这些项目的建设不仅起到稳定当前我国经济增长的作用，而且对中西部地区长远的“两型社会”具有重要的促进作用。

但是也必须看到“两型社会”基础设施建设需要大量的长期资金投入，不能仅仅依靠传统的政府财政支出与商业银行信贷为主的基本建设融资模式。因此，与加大财政支出相比，更为重要的是要通过投融资机制的创新和融资渠道的拓宽，大量吸引社会资本、民间资本、国际资本投入“两型社会”基础设施建设中来，实行“两型社会”基础设施融资主体、融资渠道、融资方式“三个”多元化，从根本上突破“两型社会”基础设施建设的资金瓶颈。中西部地区应按照“谁投资，谁受益”的原则，向民间资本与国际资本开放市场，建立统一开放、公平公正、竞争有序的“两型社会”基础设施建设的市场体系，为“两型社会”基础设施建设奠定灵活多样、渠道宽广、层次丰富、持续高效的投融资机制。主要的措施包括：进一步完善政府投入和市场机制相结合的投融资体制；建立城市基础设施产业投资基金；完善土地储备制度；积极推行“两型社会”基础设施项目融资；建立各投融资主体合理分享“两型社会”基础设施运营利益的机制。

（三）采用适当的基础设施折旧方法

加速折旧是一项间接税收优惠政策，该政策对投资具有重要影响。本课题组利用2001—2010 年中国30 个省的面板数据，就基础设施折旧对基础设施投资的影响进行了实证分析，同时还用格兰杰因果检验，研究了基础设施折旧与科技进步之间的因果关系。实证结果表明：人均基础设施折旧对人均基础设施投资有显著的促进作用。东部地区的折旧是科技进步的格兰杰原因，但科技进步不是折旧的格兰杰原因，中部和西部地区的科技进步和折旧互为格兰杰因果关系。也就是说，在东部、中部、西部三个地区，人均基础设施折旧增加会使得科技进步加快。上述实证分析的研究结果具有重要的政策含义：从“两型社会”建设角度看，东部、中部、西部地区都应该采取加速折旧政策。人均基础设施折旧增加会使科技进步加快，资源得以节约，环境得以保护。目前，东部地区基础设施投资最多，科技进步最快，而中部和西部地区基础设施投资较落后，科技进步较慢[①]。如果在中西部地区采用加速折旧法，东部地区仍然采用直线折旧法，则有利于缩小东部同中部和西部地区人均基础设施投资的差距。就此而言，中国东部地区仍可采取直线折旧法，中部和西部地区则采取加速折旧法，以促进对中西部地区的基础设施投资，缩小中西部地区同东部地区人均基础设施投资的差距，促进中西部地区的科技进步与经济发展方式转型。

进一步研究发现，区域间折旧率对投资的影响存在差异，具体表现为东部最小，中部次之，西部最大。我国基础工业行业大多是资本密集型行业，其特点是能耗大、污染大。如果更新的固定资产仍然是高能耗、高污染的，那么我们的生态环境会加剧恶化，这就不符合“两型社会”建设的要求。因此采用加速折旧政策之后，更新的固定资产必须符合“两型社会”建设的要求，基础工业行业应充分利用高科技发展的成果，尽量引进低能耗、低污染的“两型技术”，果断淘汰落后产能[②]。2014 年 9 月，国务院召开常务会议，部署完善固定资产加速折旧政策促进企业技术改造和创业创新。会议确定，一是对所有行业企业 2014 年 1 月 1 日后新购进用于研发的仪器、设备，单位价值在 100 万元之内的，允许一次性计入当期成本费用在税前扣除；超过 100 万元的，可按 60% 比例缩短折旧年限，或采取双倍余额递减等方法加速折旧。二是对所有行业企业

---

① 黄志斌，郭亚红．基础设施折旧与基础设施投资及科技进步关系的实证研究［J］．华东经济管理，2013（9）：165-168.

② 黄志斌，郑滔，李绍华．资本折旧政策对投资影响的区域差异研究——以基础工业行业为例［J］．审计与经济研究，2014（2）：58-66.

持有的单位价值低于5 000元的固定资产，允许一次性计入当期成本费用在税前扣除。三是对生物药品制造业，专用设备制造业，铁路、船舶、航空航天和其他运输设备制造业，计算机、通信和其他电子设备制造业，仪器仪表制造业，信息传输、软件和信息技术服务业等行业企业2014年1月1日后新购进的固定资产，允许按规定年限的60%缩短折旧年限，或采取双倍余额递减等加速折旧方法，促进扩大高技术产品进口[①]。该政策意图通过在短期内减轻企业税收负担，扩大制造业投资，稳定当前经济增长；同时，在长期加快企业设备更新、科技研发创新，促使经济转型升级。会议确定，要根据实施情况，适时扩大政策适用的行业范围。因此，我国中西部地区应充分利用新的固定资产折旧政策，将该项目政策全面覆盖“两型企业”，促进“两型产业”的发展。

① 李克强主持召开国务院常务会议［N］. 人民日报，2014-09-25.

第四章 支撑中西部地区“两型社会”建设战略的产业政策

不顾资源环境的经济发展，无异于竭泽而渔；缺少经济基础保障的环境保护，则好比缘木求鱼。经济是社会可持续发展的保障，产业是区域经济发展的核心，构建“两型产业”是“两型社会”建设的重要着力点和经济基础保障。注重“两型社会”建设并不是走极端环保主义的道路，“两型社会”建设的核心理念是追求经济、社会与生态的协调发展，这就要求以建立健全“两型产业”政策为突破口，支撑中西部地区的“两型社会”建设。因此，如何构建支撑我国中西部地区“两型社会”建设战略的产业政策就是本章所要研究的重点。本章首先分析现行“两型产业”政策及其在中西部地区的执行效果；然后研究中西部地区区位特征及“两型产业”发展的重点；最后提出促进中西部地区“两型产业”发展的政策建议。

第一节 现行“两型产业”政策及其在中西部地区的执行效果分析

一、现行“两型产业”政策的归类梳理

“两型产业”是指以支撑“两型社会”建设战略为目的，以高科技、低消耗、环保性、循环型为主要生产方式的产业模式。大力发展“两型产业”是中西部地区调整优化产业结构、提升产业竞争力、实现经济发展方式转变和跨越式赶超的必然选择。我国现行“两型产业”政策主要包括以下四个方面。

（一）“两型产业”组织政策

产业组织政策作为国家和地方所制定的法律法规与政策措施的总和，

旨在获得理想的市场绩效，解决垄断与规模经济的冲突，实现有效竞争，其干预和调整的着力点在于产业的市场结构和市场行为以及企业之间的关系，其实质是对竞争与规模经济之间的矛盾进行协调，在使产业组织内部各企业之间保持适度竞争的同时，获得规模经济的收益。产业组织政策主要分为两类：一类是鼓励竞争、限制垄断的政策，比如，反垄断政策、反不正当竞争行为政策及促进中小企业发展的政策；另一类是鼓励专业化与规模经济发展、限制竞争的政策，比如，各种政策规制政策。近年来，我国出台了一系列有关产业组织的政策，其中部分涉及了“两型产业”组织政策，现将这些政策归类梳理，见表4－1所列。

表4－1　“两型产业”组织政策归类梳理

时　间	政策名称	与“两型产业”相关的内容
2010年6月21日	《关于进一步做好中小企业金融服务工作的若干意见》(银发〔2010〕193号)	严格控制过剩产能和“两高一资”行业贷款，鼓励对纳入环境保护、节能节水企业所得税优惠目录投资项目的支持，促进中小企业节能减排和清洁生产
2010年8月28日	《关于促进企业兼并重组的意见》(国发〔2010〕27号)	加强技术改造，推进技术进步和自主创新，淘汰落后产能，压缩过剩产能，促进节能减排，提高市场竞争力
2013年7月23日	《关于加强小微企业融资服务支持小微企业发展的指导意见》(发改财金〔2013〕1410号)	进一步加大对战略性新兴产业和高技术产业领域小微企业的投资力度

（二）“两型产业”结构政策

所谓产业结构政策，是指国家和地方为推动产业结构的高级化与合理化而制定的各类产业政策的总和。产业结构政策要解决的是产业间与产业内的资源配置结构优化的问题，其实质是通过产业结构的合理化与高级化求得资源配置效率的提升。产业结构政策主要分为三类：主导产业选择及支持政策、弱小产业扶植政策和衰退产业退出调整政策。近年来，我国出台了一系列有关产业结构的政策，其中部分涉及了“两型产业”结构政策，现将这些政策归类梳理，见表4－2所列。

表4－2 “两型产业”结构政策归类梳理

时 间	政策名称	与“两型产业”相关的内容
2007年12月27日	《国务院关于中西部地区承接产业转移的指导意见》(国发〔2010〕28号)	严把产业准入门槛、推进资源节约集约利用、加大污染防治和环境保护力度
2009年10月31日	《关于贯彻落实抑制部分行业产能过剩和重复建设 引导产业健康发展的通知》(环发〔2009〕127号)	抓好产能过剩、重复建设行业的环境管理。提高环保准入门槛，严格建设项目环评管理
2010年10月10日	《国务院关于加快培育和发展战略性新兴产业的决定》(国发〔2010〕32号)	加快培育和发展战略性新兴产业
2011年12月5日	《关于加强国家生态工业示范园区建设的指导意见》(环发〔2011〕143号)	通过国家生态工业示范园区建设，转变经济发展方式，促进产业结构升级，推动“两型社会”建设
2012年6月16日	《“十二五”节能环保产业发展规划》(国发〔2012〕19号)	促进节能环保产业成为新兴支柱产业，推动资源节约型和环境友好型社会建设
2012年7月9日	《“十二五”国家战略性新兴产业发展规划》(国发〔2012〕28号)	加快培育和发展战略性新兴产业
2013年3月21日	《2013年工业节能与绿色发展专项行动实施方案》(工信部节〔2013〕95号)	加快推进工业节能降耗，加快实施清洁生产，加快资源循环利用，促进工业向节约、清洁、低碳、高效生产方式转变，推动工业转型升级
2013年5月28日	《2013年促进中部地区崛起工作要点》(发改地区〔2013〕993号)	通过国家科技重大专项、战略性新兴产业发展专项等支持中部地区大力发展战略性新兴产业和高技术产业，促进产业集聚
2013年7月1日	《关于金融支持经济结构调整和转型升级的指导意见》(国办发〔2013〕67号)	引导、推动重点领域与行业转型和调整

（三）“两型产业”布局政策

产业布局从静态角度讲是指产业与企业在一定地域范围内的空间分布与空间组合，从动态角度讲是指各产业、各企业为选择最佳区位而形成的在空间地域上的流动、组合与资源配置过程。产业布局政策是指国家和地方根据不同产业的经济技术特性和各地区产业发展条件，对若干重要产业的空间分布进行科学引导和合理调整的政策措施总和，旨在理顺产业在各地区的分工关系，促进产业在空间布局上的合理化。近年来，我国出台了一些有关产业布局的政策，其中部分涉及了“两型产业”布局政策，现将这些政策归类梳理，见表4－3所列。

表4－3　“两型产业”布局政策归类梳理

时　间	政策名称	与“两型产业”相关的内容
2010年8月31日	《国务院关于中西部地区承接产业转移的指导意见》(国发〔2010〕28号)	着力加强环境保护，节约集约利用资源，促进可持续发展
2013年5月20日	《产业转移项目产业政策符合性认定试点工作方案》(工信厅产业〔2013〕89号)	以产业转移项目为切入点，坚决防范落后产能转移，建立完善产业政策符合性认定工作的机制和程序
2013年6月28日	《国家发展改革委贯彻落实主体功能区战略推进主体功能区建设若干政策的意见》(发改规划〔2013〕1154号)	着力构建科学合理的城市化格局、农业发展格局和生态安全格局，促进城乡、区域以及人口、经济、资源环境协调发展

（四）“两型产业”技术政策

所谓产业技术政策是指国家和地方所制定的着力于产业技术发展的指导、选择、促进与控制的政策措施总和。产业技术政策以促进产业技术进步和产业自主创新能力提升为目标。近年来，我国出台了一系列有关产业技术的政策，其中部分涉及了“两型产业”技术政策，现将这些政策归类梳理，见表4－4所列。

表4－4　“两型产业”技术政策归类梳理

时　间	政策名称	与“两型产业”相关的内容
2006年2月7日	《国务院关于实施〈国家中长期科学和技术发展规划纲要(2006—2020年)〉的若干配套政策的通知》(国发〔2006〕6号)	营造激励自主创新的环境,推动企业成为技术创新的主体,努力建设创新型国家,将实施十个方面的配套政策
2006年12月7日	《科技企业孵化器(高新技术创业服务中心)认定和管理办法》(国科发高字〔2006〕498号)	营造激励自主创新的环境,加快科技成果转化,培育科技型中小企业,发展高新技术产业,规范我国科技企业孵化器的管理,促进其健康发展
2008年4月14日	《高新技术企业认定管理办法》(国科发火〔2008〕172号)	扶持和鼓励高新技术企业的发展
2008年12月25日	《关于促进自主创新成果产业化若干政策》(国办发〔2008〕128号)	培育企业自主创新成果产业化能力,大力推动自主创新成果的转移,加大自主创新成果产业化投融资支持力度,营造有利于自主创新成果产业化的良好环境,切实做好组织协调工作
2008年12月30日	《关于推动产业技术创新战略联盟构建的指导意见》(国科发政〔2008〕770号)	围绕产业技术创新链,运用市场机制集聚创新资源,实现企业、大学和科研机构等在战略层面有效结合,共同突破产业发展的技术瓶颈
2013年7月2日	《科技助推西部地区转型发展行动计划(2013—2020年)》(发改西部〔2013〕1280号)	加强科技创新对西部地区经济社会发展的支撑能力,助推西部地区转型发展

二、现行“两型产业”政策的涵盖缺陷与功能缺陷

(一) 现行“两型产业”政策的涵盖缺陷

1. 缺乏系统性的“两型产业”政策体系

虽然我国出台了《循环经济促进法》和《清洁生产促进法》等与发

展"两型产业"有关的法律法规以及《"十二五"节能环保产业发展规划》(国发〔2012〕19号)和《国务院关于加快培育和发展战略性新兴产业的决定》(国发〔2010〕32号)等与"两型产业"发展有关的政策，但还未出台综合性的直接针对"两型产业"建设的基本法，导致现有"两型产业"政策零碎不成体系，且法律约束力刚性不足。由于"两型产业"未能作为一个产业门类给予清晰界定，在整个国民经济发展中没有其产业地位。由于没有宏观战略指导，"两型产业"发展陷于盲动。现有的关于"两型产业"的规划不衔接、不匹配，产业政策与其他经济政策缺乏配套机制，甚至出现政策之间相互矛盾、相互冲突的现象。与此同时，各地区的发展规划各自为政，缺少交流与协调，导致各地区间产业结构趋同现象严重，相互之间恶性竞争，难以充分发挥各地区的优势和特色。

2. 缺乏专业性的"两型产业"标准体系

我国现在已有较为完善的环境影响评价技术导则、清洁生产标准、环境标志产品标准及其他环境标准，但是还没有"两型产业"认定的指标体系与技术标准体系，特别是缺乏针对中西部地区的标准。比如，中西部地区先进装备制造业、新材料产业、节能环保产业、现代服务业、现代农业等"两型产业"的标准体系迄今尚未形成，而如果按东部地区的标准，中西部地区往往很不容易达到，一些优惠政策中西部地区无法享受到。

(二) 现行"两型产业"政策的功能缺陷

1. 可操作性不够强

"两型产业"政策是中央根据整个国家经济、社会、生态环境的发展需要，从社会经济发展的全局高度制定的中长期调控政策。这些政策往往会与地方利益、部门的短期利益产生矛盾，加之一些资源的市场价格没有理顺，"两型产业"政策导向往往可能与地方利益主体导向发生明显错位。出于自身局部利益的考虑，一些地方政府、部门行为往往背离"两型产业"政策，看重金山银山，忽视绿水青山。另一方面，虽然各级地方政府在不同程度上具有加快"两型产业"发展的主观愿望，但由于当前对地方政府政绩的考核尚未根本改变，主要仍以GDP论"英雄"，即使在考核指标体系中增加了节能、环保、生态等与“两型产业”发展相关的指标，但其权重仍偏小①。此外，现有政策不能有效调动企业与地方政府的内在积极性，影响“两型社会”建设。例如，高污染、高耗能的企业关停并转之后，影响地方的经济增长、财政收入和就业水平，因此，地方政府没有动力去严格执法。这严重影响了“两型产业”政策的可操作性。

2. 整体激励功能欠佳

一些政策出台时没有从“两型社会”建设的宏观层面、全局高度进行整体把握，缺乏全面统筹考虑，导致政策与政策之间的衔接性不足，协调性不强，局限性明显、冲突严重、逆向调节等影响政策执行效果的问题。如从税收制度建设层面看，税种选择主要集中在增值税、企业所得税和外商投资企业和外国企业所得税，很多本身具有资源节约、环境保护功能的税种的作用和潜力未得到充分发挥，税收调控“缺位”现象较为突出。已出台的政策，也显得形式单一、措施分散，大部分优惠政策和激励措施只局限于一般意义上的减税、免税、税收豁免、税收扣除、税收抵免、优惠税率、亏损结转、延期纳税、税收饶让、盈亏相抵和优惠退税，政策工具在同一税种的设计和配置上欠合理，在不同税种之间更缺乏统筹运用，体现不出税收优惠政策对“两型产业”发展的整体激励功能和效率。

三、现行“两型产业”政策在中西部地区的执行效果分析

首先，国家现行产业布局政策取得了良好的执行效果。2013 年以来，中西部地区发展步伐不断加快，GDP 增速呈现出“东慢西快”的总体特征。从 2014 年一季度公布的数据看，“东慢西快”的势头仍在延续。其中，东部地区仅天津保持两位数经济增长速度，为 10.6%，江苏、福建、山东的增速高于全国水平，其余省份的经济增速均慢于全国增速或与全国增速持平。而在中西部地区已经公布数据的 16 个省份中，有 12 个省份的经济增速高于全国增速，其中，重庆、新疆、贵州、青海等省、自

---

① 张在峰. 如何推动“两型”产业发展［N］. 中国环境报，2011-11-21.

治区和直辖市保持两位数增长。“东慢西快”的发展格局，除了由于东部地区面对结构调整和发展方式转变的压力，放慢了发展脚步外，主要就是因为国家现行产业布局政策的执行，在拉动中西部地区承接东部地区产业转移和自主发展中的作用逐渐显现，使中西部地区后发优势逐渐释放①。但如何在国家现行产业布局政策的执行中凸显其“两型产业”的发展要求，还有待进一步加强。

其次，国家现行“两型产业”结构政策的执行在中西部地区初显成效。现行产业结构政策中关于资源性产品价格形成机制、产业准入提升机制、排污权交易、联合产权交易等一系列的改革激发了中西部地区“两型产业”发展的活力。“两型产业”的发展带动中西部产业结构转型升级，提高了资源的利用率，减少了环境的污染；传统产业转型升级，工业在做大中做强做优。2011 年，中西部地区第二产业产值达118 921.48亿元，第三产业产值达80 290.72亿元。“两型产业”快速发展，新材料、装备制造业、生物医药技术、新能源及高效能源等附加值较高的产业逐渐成为新的增长点。2011 年，中西部地区高新技术产业产值16 215亿元，高新技术产业利润达1 227.1亿元。中西部地区加快摆脱对重化工业、资源粗加工业的依赖，经济发展的路径越来越宽②。一些符合“两型产业”发展要求的企业及工业园区脱颖而出。2014 年 1 月 24 日，合肥高新技术产业开发区国家生态工业示范园区创建工作顺利通过国家环保部、科技部和商务部联合组织的现场验收，成为我国中西部第一个通过国家生态工业示范园区创建现场验收的园区。合肥高新技术产业开发区创建国家生态工业示范园区工作注重点、线、面结合，通过政府、企业和公众之间通力合作，取得了阶段性成果，其创建经验和成效对于我国中西部地区的生态工业园区建设具有良好的示范带动作用③。此外，安徽省合肥经济技术开发区也于 2008 年启动了国家生态工业示范园创建工作，2010 年 11 月获国家创建领导小组办公室批准同意建设，目前

① 林火灿．调增速促转型成区域发展主旋律［N］．经济日报，2014-04-28.

② 根据 2012《中国统计年鉴》中的数据整理而来。

③ 合肥高新区成为中西部第一个通过国家生态工业示范园区创建现场验收的园区［EB/OL］. http：//www. aepb. gov. cn/Pages/Aepb11_ ShowNews. aspx? NewsID = 88013，2014-01-27.

正在创建中。

但是从总体上看，目前中西部地区“两高一资”（高耗能、高污染和资源性）型产业仍占较大比重，制约“两型产业”发展。受长期粗放式发展模式影响，掠夺式开发所导致的资源紧张和环境破坏现象依然严重，土地、水、矿产、生态等硬制约愈加明显。中部的武汉城市圈、中原城市群、皖江城市带、环鄱阳湖城市群、太原城市圈与长株潭城市群区域竞争激烈，产业重复建设、产业同构现象比较突出。

第二节　中西部地区区位特征及“两型产业”发展重点

中西部地区地域广阔，各地差异较大，不同地区的区位特征对“两型产业”的发展与布局具有重要影响，而产业结构的现状是“两型产业”进一步发展的基础。因此，中西部地区区位特征及“两型产业”发展重点主要从以下三个方面进行论述：首先，分析我国中西部地区的区位特征；其次，分析我国中西部地区产业结构的现状；最后，在此基础上，论述我国中西部地区未来“两型产业”发展的重点。

一、中西部地区的区位特征

（一）中部地区区位特征

1. 自然资源禀赋特征

中部地区具有承东启西、纵贯南北的区位优势，是我国区域关联度最强的地区，发挥着东西互动、连通南北的桥梁纽带作用。居中的区位使中部成为东部产业转移的首选地，同时也是东部产业向西部转移的中转站，在产业梯度转移中发挥着独特的作用，是促进资金、技术、信息、商品、人才等要素合理配置的战略支点。中部地区是我国重要的粮食、能源和原材料基地。矿产资源种类齐全、储量丰富；许多资源的拥有量在全国所占的比重都大于其 GDP 所占的比重，其中水资源、耕地、原煤年产量和年发电量等资源在全国占相当大的比重。中部地区资金、土地、人力、技术等生产要素资源加快流向现代工业部门，增强了中部地区经济持续增长的内在动力。

2. 生态环境特征

中部地区地形复杂多样，从平原到丘陵、从高山到湖泊，气候资源和生态资源丰富，湿地生态资源密集。长江流经中部四省，鄱阳湖和洞庭湖是我国的重要湿地，是长江干流重要的调蓄性湖泊，在中部地区发挥着巨大的调蓄洪水和保护生物多样性等特殊生态功能，是我国重要的生态功能保护区之一。中部地区生态环境良好，森林覆盖率远高于全国平均水平。但是，近年来，中部地区湿地资源、水资源和森林资源都遭到不同程度的破坏和污染，因而中部地区建设“两型产业”具有必要性和紧迫性。

3. 经济发展水平

中部地区位于我国经济技术梯度的第二梯度，发展基础较为雄厚，一直是我国重要的粮食生产基地、能源原材料基地、现代装备制造业基地以及综合交通运输枢纽。中部地区的电力、汽车、机械、电子冶金、建材、化工、农副产品加工等产业都有一定的基础，在一些重要领域已形成若干具有竞争力的优势产业。然而，“中部正在塌陷”一度成为不争的事实。中部区域的经济总量明显低于东部沿海发达地区。中部区域的工业化、城市化和市场化进程也明显滞后于东部沿海发达地区，这些都不利于“两型产业”的发展。

（二）西部地区区位特征

1. 自然资源禀赋特征

中国西部地区总面积约686万平方公里，约占全国总面积的72%。西部地区在矿产、能源、旅游、生物等资源领域有着特殊优势。中国超过六成的矿产资源在西部地区，其中45种主要矿产资源储量的潜在价值占全国的50%。西部地区的水、煤、油、气等能源资源的探明储量在全国占据半壁江山。西部地区的旅游资源极具特色，历史文化源远流长，兵马俑、莫高窟等一大批文化古迹闻名遐迩[①]。西部地区独特的地貌、气

① 王原．论西部的自然资源开发［J］．青海师范大学学报（哲学社会科学版），2002（3）：21.

候条件，使其生物资源、药用植物、工业植物等丰富多彩。

2. 生态环境特征

西部地区地形复杂，气候多样，生态环境脆弱。从自然条件看，西部大部分属于荒山、沙漠、戈壁和雪域高原，自然条件恶劣。另外水资源短缺也制约西部产业结构布局和演进。西部地处内陆，自然环境的恶劣和退化不仅影响农牧业的发展，也影响区域贸易的发展，制约第二、第三产业的结构演变。

3. 经济发展水平

2012 年西部地区共实现地区生产总值113 914. 64亿元，比上年增长12. 48%，增速比上年下降 1. 55 个百分点，但仍分别比东部地区、中部地区快 3. 18 和 1. 54 个百分点，比全国平均水平快 2. 16 个百分点；占全国 GDP 的比重达 19. 75%，与 2011 年相比提高了 0. 38 个百分点，进一步缩小了与东部地区的经济落差；对中国经济增长的贡献率为 23. 44%，比上一年提高了 1 个百分点，为区域经济协调发展做出了贡献①。2012 年，西部地区在实现经济快速增长的同时，区域经济结构协调性进一步增强，产业结构调整出现高级化趋势，但与发达地区相比，结构优化的空间较大。部分经济效益指标持续改善，但投资效率、工业效益等指标仍存在较大改进空间。

二、中西部地区产业结构的现状

（一）中部地区产业结构现状

1. 中部地区产业结构发展概况

表 4 -5 表明，2000 年以来，中部地区第一产业比重日益缩小，由 2000 年的 20. 2% 下降到 2011 年的 12. 3%；第二产业的比重逐渐扩大，由 2000 年的 44. 6% 上升到 2011 年的 53. 5%；第三产业的比重呈现波动的趋势，在 35% 水平上下波动。中部地区产业结构呈现“二三一”的特点。

---

① 《西部蓝皮书：中国西部发展报告（2013）》发布［EB/OL］. http：//www. chinastock. com. cn/yhwz_ about. do? docid=3581677&methodcall=getdetailznfo，2013-07-22.

表 4-5　2000—2011 年中部地区产业结构

年份	产业结构（%）		
	第一产业	第二产业	第三产业
2000	20.2	44.6	35.2
2001	19.4	44.9	35.7
2002	18.5	45.6	35.9
2003	16.8	46.8	36.4
2004	17.8	47.7	34.5
2005	16.7	46.8	36.5
2006	15.4	48.8	35.8
2007	15.1	49.7	35.2
2008	14.6	50.9	34.5
2009	13.7	50.4	35.9
2010	13.0	52.4	34.6
2011	12.3	53.5	34.1

资料来源：各年《中国统计年鉴》。

2. 中部地区产业结构存在的问题

（1）农业内部结构欠合理，现代化程度较低

中部地区长期承担全国粮食和原材料的生产和供给任务，农业在中部地区占有举足轻重的地位。但是中部地区农业以传统农业模式为主，存在重粮食、轻经济作物，重生产、轻流通、轻加工，产量高、附加值低等问题，加之中部地区农业科技性投入少，导致农业现代化程度较低。

（2）企业效益不够高，工业化水平偏低

与东部沿海省市相比，中部地区还没有一个工业强省。中部地区工业结构呈现出明显的重型化特点，轻重工业比例失调，经济效益较为低下。此外，中部地区产业结构趋同，重复建设严重，主要包括塑料、纺织和建材等工业领域。中部地区的工业结构多是以资源开发和粗加工为主的粗放型结构，导致工业化水平偏低。

（3）第三产业发展较缓慢，高端化发展不足

中部地区第三产业与东部沿海地区相比，仍存在发展缓慢和结构不

优等问题。主要表现为：第三产业规模不大，发展速度相对滞后[①]；第三产业仍主要集中在一些诸如饮食业、旅店业、商业等传统服务业中，而诸如现代金融业、国际商务、现代物流业、会计、审计、评估、法律服务等现代服务业及中介服务业高端化发展不足。

（二）西部地区产业结构现状

1. 西部地区产业结构发展概况

表4-6表明，2000年以来，西部地区第一产业比重日益缩小，由2000年的22.3%下降到2011年的12.7%；第二产业的比重逐渐扩大，由2000年的40.8%上升到2011年的50.9%；第三产业的比重呈现波动的趋势，在37%水平上下波动。西部地区产业结构亦呈现出“二三一”的特点。

表4-6　2000—2011年西部地区产业结构

年份	产业结构（%）		
	第一产业	第二产业	第三产业
2000	22.3	40.8	36.9
2001	21.0	40.7	38.3
2002	20.0	41.3	38.7
2003	19.4	42.9	37.7
2004	19.5	44.3	36.2
2005	17.7	42.8	39.5
2006	16.2	45.2	38.6
2007	16.0	46.3	37.7
2008	15.6	48.1	36.3
2009	13.7	47.5	38.8
2010	13.1	50.0	36.9
2011	12.7	50.9	36.3

资料来源：各年《中国统计年鉴》。

① 文军．中部地区产业结构优化的战略选择［J］．中国经贸导刊，2011（6）：58-59.

2. 西部地区产业结构存在的问题

（1）第一产业内部结构不协调

西部地区地形复杂，气候恶劣，种植业不具优势。西部地区种植业耕种方式粗放，生产效率低。西部地区在发展农业多种经营，尤其是发展林业、牧业方面有很大优势，但西部地区的土地利用不合理，多种经营水平低，林牧业优势没有得到发挥。致使西部地区农业投入产出效率仍处于较低水平。

（2）工业基础较薄弱

西部地区工业产值在总产值中比重很小，规模总量狭小，人均工业增加值水平低。西部地区工业不具有市场竞争优势，市场占有率低，工业资本密集程度高而单位资本吸收劳动力程度低。总体来讲，西部地区工业增长速度低于全国和东部地区水平，工业化进程缓慢，但近些年来，工业增长速度有所提升。西部地区重工业尤其是采掘业和原料工业等资源密集型工业占全国的比重较高。在重工业结构下，西部地区产业主要产品加工程度低，中间产品比例高，最终消费品比例低，附加值低。西部地区的轻工业总体水平低，轻工业结构中非农产品为原料的工业比例低于全国水平。

（3）第三产业发展水平低

改革开放以来，全国地区尤其是东部地区第三产业加快发展。但是西部地区第三产业普遍落后，发展相对滞后，第三产业占全国的比重与其他地区差距逐步拉大。与此同时，西部地区第三产业内部结构不合理，多为低层次服务。而诸如现代金融业、信息咨询业、中介服务业、科教文化等高层次服务业发展比较落后。

三、中西部地区“两型产业”发展的重点

由上可知，中西部地区的产业结构都呈现出“二三一”的特点，且三次产业内部结构都存在不合理现象，发展水平都明显低于东部地区，因此要抓住“两型社会”建设战略实施的契机，根据本地区的区位特征，以结构升级转型为重点，大力发展“两型产业”。

（一）中部地区“两型产业”发展的重点

未来中部地区产业的发展，一方面，要坚决制止低水平重复建设，

严格控制高能耗、高污染、生产能力过剩行业的新上项目。要加快对传统优势产业的技术改造，加快技术更新、工艺更新的步伐，加快淘汰落后生产能力。另一方面，要支持现代服务业的发展，支持高端制造业的发展，支持有特色、有潜力、有基础的战略性新兴产业的发展。与此同时，要大力支持现代农业的发展。中部各省“两型产业”结构调整方向见表4－7所列。

表4－7　中部各省“两型产业”结构调整方向①

省　别	产业发展重点
湖　北	交通运输设备制造业、黑色金属矿采选业、非金属矿采选业、食品加工业、黑色金属冶炼及压延加工业
湖　南	有色金属矿采选业、有色金属冶炼及压延加工业、自来水生产和供应业、石油加工及炼焦业、非金属矿采选业、印刷业、记录媒介复制业
河　南	有色金属矿采选业、煤炭采选业、非金属矿采选业、有色金属冶炼及压延加工业、食品加工业、食品制造业、专用设备制造业、电力、蒸汽、热水生产和供应业、造纸及纸制品业
山　西	煤炭采选业、有色金属冶炼及压延加工业、黑色金属冶炼及压延加工业、石油加工及炼焦业、黑色金属矿采选业、电力、蒸汽、热水生产和供应业
安　徽	黑色金属矿采选业、煤炭采选业、饮料制造业、橡胶制品业、木材加工及竹、藤、棕草制品业、烟草加工业、有色金属冶炼及压延加工业
江　西	有色金属冶炼及压延加工业、有色金属矿采选业、医药制造业、印刷业、记录媒介复制业，木材加工及竹、藤、棕草制品业、木材及竹材采运业、交通运输设备制造业、食品加工业、自来水生产和供应业、电力、蒸汽、热水生产和供应业

① 彭道宾．哪些行业托起中部六省经济脊梁［N］，中国信息报，2003-01-24；刘洋，罗建敏，王健康．中部地区经济协调发展问题研究［J］．经济地理，2009（5）：732.

1. 大力发展现代服务业

依托省会及其他经济能力较强的中心城市，大力承接发展研发设计、质量检验、成果转化、现代物流、文化创新、信息咨询、营销服务等生产性服务业，推动现代服务业与先进制造业的有机融合与互动。积极承接国际和我国东部地区的服务外包，培育和建立服务贸易基地。鼓励中部地区各省会城市，大力发展区域性的总部经济和研发中心，支持建立高新技术产业化基地和产业“孵化园”，促进科技成果转化。

2. 大力发展现代制造业

依托省会及其他经济能力较强的中心城市，发展壮大一批有自身特色的先进装备制造业，加大对传统优势制造企业的技术改造力度。鼓励武汉、长沙、郑州、合肥、太原、南昌等中心城市发展有自身优势与特色的战略性新兴产业。提升资源环境约束标准，通过综合政策手段，大力淘汰技术工艺落后、污染严重、浪费资源、产能过剩行业的企业。通过上述代谢，提高中部地区工业品的科技含量和“两型”品质。

3. 努力提升农业现代化水平

粮食既是关系国计民生和国家经济安全的重要战略物资。粮食安全、农产品质量与食品安全、农业现代化始终是我国农业工作的重点和难题。大力发展“两型农业”、现代农业是解决我国农业问题的关键①。中部地区在农业生产方面有传统优势，中部各市县应结合自身的特点，大力推广绿色农业、生态农业、循环农业、集约农业，大力推广节地、节水、节肥、节药、节能、节种类型农作物的种植，大力促进农业资源的综合循环利用，大力进行农业生态环节建设，大力减少农业面源污染，减少农业废弃物，提升农产品品质，适度进行规模经营，着力推进农业信息化建设，通过农业现代化建设将“两型农业”不断推向前进。

（二）西部地区“两型产业”发展的重点

西部地区未来发展的重点在坚持增强自我发展能力，突出重点地区优先开发、特色优势产业加快发展。西部各省区市“两型产业”结构调

---

① 张在峰．如何推动“两型”产业发展［N］．中国环境报，2011-11-21.

整方向见表4－8所列。

表4－8　西部各省区市“两型产业”结构调整方向①

地　区	产业发展重点
广　西	1. 发展交通设备制造业包括汽车、车用内燃机、集装箱制造和修造船业、专用设备制造业；包括工程与电器机械、机床、成套设备； 2. 大力发展生物制药、酿酒、制糖、茶、制烟、食品； 3. 发展高新技术产业：包括生物、新材料、新能源、电子信息、现代中医药业
四　川	1. 大力发展电子电器和机械制造包括发电、重型设备、工程机械、轨道设备、石油天然气成套设备、电子信息产品制造； 2. 深化农产品加工包括发展粮、油、猪、烟、酒、丝绸等特色农产品加工业和食品业； 3. 加强电力、天然气、煤及新能源清洁能源基地建设； 4. 发展高新技术产业包括电子信息、生物产业、新材料、航空航天等
陕　西	1. 发展高新技术产业包括信息、软件、生物医药、新材料、卫星应用等； 2. 承接食品、纺织等轻工业。
甘　肃	1. 机械制造石油钻采及冶化设备、新型采矿设备、数控机床、电工电器、风力发电设备、真空设备、军工及电子信息等制造业； 2. 大力发展农产品加工、制药等新兴产业
青　海	1. 积极承接纺织服装业； 2. 发展化学原料和化学制造品业包括碱业、盐湖化工等； 3. 发展冶金、有色、医药、畜产品加工、食品制造
内蒙古	1. 发展装备机械制造业、交通设备制造业包括运输机械和特种工程机械； 2. 发展能源工业和化工工业； 3. 以乳、肉、绒、粮油加工、皮革为重点的农畜产品加工业
云　南	1. 积极发展生物制药、旅游； 2. 在原有基础上，加快烟草、磷化工、煤化工、造纸工业的发展

① 根据以下文献加工整理：高云虹，王美昌．中西部地区产业承接的重点行业选择［J］．经济问题探索，2012（5）：131-136；袁境．西部承接产业转移与产业结构优化升级研究［D］．西南财经大学，2012.

（续表）

地　区	产业发展重点
新　疆	1. 加强石油化工工业建设； 2. 大力发展旅游等服务业； 3. 特色农副产品精深加工业
贵　州	1. 发展农产品加工、加强烟草制造和酿酒业； 2. 积极承接化学工业
重　庆	1. 化学原料及化学制造品业、电力热力的生产和供应； 2. 食品和饮料加工、纺织服装
宁　夏	1. 承接机械制造、食品加工、纺织、特色农业； 2. 发展煤炭、石油、电力等能源工业
西　藏	1. 积极承接旅游、医药制造、农产品加工； 2. 发展矿石采选业

1. 坚持统筹城乡发展，发展绿色农牧业

重点提高农牧业产品质量，利用自身资源条件，开发、推广优质品种，提高农牧产品的品质和效益；建立、培育农牧业龙头企业和合作经济组织，逐步发展成“区域化布局、专业化生产、一体化经营”的生产方式；充分发挥区位优势、资源优势和传统产业优势，以特色产品和农牧业科技为核心，积极引导和鼓励本地农牧业企业发展，建立适应国际市场新形势的农牧产品出口体系。

2. 促进工业转型，改造和提升传统工业

西部地区的发展重点：一是要充分发挥本地资源优势，改造和提升传统资源型工业，延长产业链，提升附加值，提高资源综合利用率，加快工业结构的转型，实现资源优势向产业优势转化。二是西部地区生态环境脆弱，应当大力扶持科技水平高、节能环保的绿色工业①。三是重庆、成都、西安等发展基础较好的大城市，应大力发展与环境保护与资

① 赵烨．经济全球化背景下我国西部地区产业结构的调整［J］．今日南国（理论创新版），2009（4）：50.

源利用方面的高新技术，为支撑西部地区“两型产业”的发展提供技术支撑。

3. 加快基础设施建设，实施开放开发战略，促进产业结构优化升级

第一，要加强西部地区的基础设施建设，特别是要加快完善铁路、公路骨架网络，加快重大水利工程等基础设施的建设，解决西部地区发展的主要制约因素。与此同时，要大力发展生产性服务业，为西部地区比较优势的发挥与产业结构的调整升级提供支撑。第二，利用西部地区地处边疆的区位优势，实施边境地区大开发战略，积极发展中小城镇，以城镇化带动边境地区贸易的发展，通过对外开放，充分利用周边国家的资源，生产适合周边国家需要的产品，带动产业结构的调整①。第三，成都、重庆、西安、昆明等省会城市要大力发展现代服务业，重点发展现代金融业、现代物流业、电子商务，以及与生态环保、资源综合利用相关的科技服务业。

第三节　促进中西部地区“两型产业”发展的政策建议

促进中西部地区“两型产业”发展的政策关键是做好“两型产业”的布局规划及“两型产业”重大项目规划，以培育“两型产业”并建立完善高能源消耗、高资源消耗、高污染型、粗加工型企业的退出机制为切入点，形成“两型产业”发展导向机制。政策建议主要从以下四个方面考虑：一是现有政策的改进；二是现有政策的补充；三是政策引领的侧重点；四是政策的有效执行。

一、政策的改进

（一）健全“两型产业”法律法规和标准体系

对一些不符合环保要求的项目采取严格控制措施，依法实施各类产业准入的环境标准。严格实施污染物排放总量控制制度，实行排污许可

① 牛勤．西部地区加快承接产业转移应注意的问题及途径［J］．中国集体经济，2011（6）：19.

制度。严格市场准入环境制度，做到增产不增污、增产减污。切实转变经济发展方式，实施产业结构战略调整，大力发展循环经济，推行清洁生产，降低污染物排放水平，削减排放总量。将治理的关口前移，使负外部性的成本内部化，探索运行市场化导向的排污权交易制、可再生能源配额制、生产者责任延伸制，从源头上降低污染排放和资源滥用。将《环境影响评价法》（第九届全国人民代表大会常务委员会第三十次会议于2002年10月28日通过）、《循环经济促进法》（第十一届全国人大常务委员会第四次会议于2008年8月29日通过）、《清洁生产促进法》（第十一届全国人民代表大会常务委员会第二十五次会议于2012年2月29日通过）、《最高人民法院、最高人民检察院关于办理环境污染刑事案件适用法律若干问题的解释》（最高人民法院审判委员会第1581次会议、最高人民检察院第十二届检察委员会第7次会议于2013年6月8日通过）等与发展“两型产业”高度关联，健全系统性的“两型产业”法律法规和专业性的“两型产业”标准体系。

作为环境保护基本法，第七届全国人大常务委员会第十一次会议于1989年12月26日通过的《中华人民共和国环境保护法》，限于当时的经济需求和水平，所设定的环境标准不高、环境违法成本低，难以适应“两型产业”发展的需要。随着经济的转轨、社会的转型和“两型社会”建设的提出，必须突出企业的污染防治责任，解决环境标准低、违法成本低、守法成本高等问题，使政府环保部门实现严格、高效的环境监管有法可依。2011年环保法的修订被列入十一届全国人大的立法计划，之后历经四次审议、两次公开征求意见，终于在2014年4月24日由最高权力机关通过，其中法律条文从47条增加到70条，被誉为史上最严格的环保法修订案，可视为对既有“两型产业”相关政策在最高层面上的权威性改进。新环保法将于2015年1月1日施行，将为扭转伴随经济快速发展导致的生态环境恶化趋势提供最有力的环保法律后盾[①]，同时也为中西部地区改进现有“两型产业”政策及其标准体系提供了依据。

---

① 任沁沁，顾瑞珍，罗沙．我国新通过环保法被称“史上最严”体现系统治理环境决心［EB/OL］．http：//www.cssn.cn/zx/yw/201404/t20140425_1124501.shtml，2014-04-25.

（二）加强政策驱动和行政带动

在政策驱动方面，中西部地区要以新环保法为依据，深入贯彻《国务院关于进一步加强淘汰落后产能工作的通知》（国发〔2010〕7号）精神，制定并完善有利于本地区淘汰落后产能、发展"两型产业"的经济政策。通过社保、再就业、资产处置、土地出让等相关政策的完善，支持落后产能退出。整合相关财政资金，加大对科技创新和战略性新兴产业的投入，引导"两型产业"发展。改革资源环境税收制度，建立健全贯穿产品生命周期全过程的绿色税收体系。调整与资源节约和环境保护相关的产业税收优惠政策。

在行政带动方面，中西部地区要排除行政区划间的各种体制性障碍，加强区域间的协调合作。健全完善促进"两型产业"发展的考核评价体系，将"两型产业"的相关评价指标作为核心指标纳入领导干部考核评价体系[①]，促使领导干部成为"两型产业"政策的坚定执行者和排头兵。

二、政策的补充

（一）"两型产业"组织政策补充

产业组织政策是政府为促进企业间的合理竞争，有效协调规模经济与竞争活动力之间的冲突，而对某类产业或企业采取的鼓励或限制性的政策措施。"两型产业"组织政策的重点是对"两型产业"与"两型企业"采取鼓励性措施，而对"两高一资"产业与企业采取限制性的政策措施。为了促进"两型社会"建设，应在现有《西部地区鼓励类产业目录》(2014年)、《中西部地区外商投资优势产业目录（2013年修订）》、《产业结构调整指导目录（2011年本）》（2013年修正）等的基础上，进一步建立《中西部地区"两型产业"发展指导目录》，制定"两型企业"技术标准，包括企业在环保、节能、技术、土地等方面的技术标准，对列入目录的"两型产业"，在财税、金融、土地政策方面给予优惠，支持和鼓励"两型企业"的发展。

---

① 张在峰. 如何推动"两型"产业发展［N］. 中国环境报，2011-11-21.

小微企业研发能力弱，技术水平与管理水平低，工艺设备相对落后，在市场竞争中处于弱势地位，是“两型产业”发展中的难点，小微企业点多面广，关系到千家万户的就业问题。因此，“两型产业”的组织政策应专门考虑如何有效激励小微企业节能减排和清洁生产，促使其淘汰落后工艺。

（二）“两型产业”结构政策补充

产业结构政策的重点是优化产业间与产业内的资源配置结构，“两型产业”结构政策的关键是通过对现有政策的补充，完善“两高一资”产业的退出机制、传统产业改造升级的激励约束机制与“两型产业”发展壮大的激励机制。因此，在产业结构政策方面，一方面，中西部地区应制定企业的能源、资源和环境审计制度，进一步完善“高耗能、高污染和资源性产品”产业的退出机制，重点是进一步出台具体政策，将循环经济、排污权交易与清洁生产机制等落到实处。另一方面，通过低碳经济改造传统产业，淘汰落后与过剩产能，“关停并转”污染企业。对现有的必须淘汰的落后产能限期淘汰，对不符合“两型”要求、但是污染相对较小且具有较大规模的企业，采取税前提取“两型”基金、增收环保税费等措施，促使其技术改造和转型①。与此同时，要鼓励“两型产业”做大做强，提升其在产业结构中的比重。

（三）“两型产业”布局政策补充

“两型产业”布局政策的关键是不断优化中西部地区产业的空间布局。在目前产业转移的大潮中，中西部地区产业园区的招商引资要建立严格的节能减排评价考核体系，强化对东部地区转型移到中西部地区产业的限制与选择，要坚决防止在产业转移的过程中出现一些企业“先污染东部，后污染中西部”的现象，要坚决避免中西部落后地区成为“污染企业的天堂”。为避免中西部地区在工业化过程中出现低端产业同构现象，中西部地区各园区要发展某一类能体现特色、能充分发挥当地比较

---

① 蒋俊毅．加快构建“两型社会”政策体系［EB/OL］．http：//hn. rednet. cn/c/2011/10/24/2408750. htm，2011-10-24.

优势的主导产业，并建立相应配套集成、向上下游延伸的产业链，并实行公共信息、基础设施、科技服务、产品检测、污染治理等方面的集中处治。中西部地区要突出重点园区的布局与发展，提高单位面积的投资强度与产业效应，要避免各种园区遍地开花，粗放经营，浪费宝贵的土地资源。建设国家在中西部地区选择一些"两型产业"发展较好的园区，作为"两型产业示范区"，给予一定的财政补贴与其他政策优惠，鼓励其他产业园区逐步向"两型产业示范区"靠拢。

三、政策引领的侧重点

（一）产业政策方面

产业支持政策：鼓励、引导和支持"两型产业"的发展，对符合"两型社会"建设的产业项目，优先考虑其申报中央预算内投资，同时在省、市各类财政性产业发展资金中予以优先安排①。

投融资支持政策：支持中西部地区"两型企业"的直接融资；鼓励中西部地区金融机构推行绿色金融决策机制；加快中西部地区有利于"两型产业"发展的农村金融体制的创新；支持有条件地区发展面向"两型产业"的村镇、社区银行；鼓励面向"两型产业"发展的创新项目投融资和建设模式②，在这方面，2013年国务院发布《中西部地区外商投资优势产业目录（2013年修订）》，同时废止国家发展和改革委员会、商务部发布的《中西部地区外商投资优势产业目录（2008年修订）》（国家发展和改革委员会、商务部令2008年第4号），对中西部地区各省、自治区和直辖市的外商投资产业领域做了新的界定，为中西部地区"两型产业"引领政策的制定提供了范本。

财税支持政策：加大财政支持力度，逐步加大对中西部地区"两型产业"发展的投入；加大税收支持力度，强化对"两型产业"发展的税收优惠。

本课题组针对现行企业所得税与"两型产业"发展存在的矛盾与问

① 张英．加大投入重点支持生态环境保护［N］．中国环境报，2012-05-07.
② 张英．加大投入重点支持生态环境保护［N］．中国环境报，2012-05-07.

题进行了研究。结果发现，现行企业所得税分享制度在调动中央和地方积极性、保证财政收入和增强宏观调控能力的同时，也与“两型产业”发展存在着一些矛盾，具体表现为：第一，在现行企业所得税分享制度条件下，地方政府为追求更多的企业所得税分成收入，会在积极推动招商引资的过程中允许非“两型”项目投资生产，从而削弱中央节能减排政策的实际效果，阻碍“两型社会”建设。特别是中西部经济落后地区，紧张的财政状况使得县市政府更加偏好于经济增长与财政收入增加的目标，而忽视资源与环境保护，导致越是落后的地区，资源与环境保护就越困难。第二，“两型社会”建设从长期来看对地方经济发展是有利的，但这方面投入的资金多、周期长、见效慢，而地方官员任期往往较短、调动比较频繁，导致地方政府的行为短期化。地方官员往往更多强调区域经济增长和本地财政收入的增加，较少考虑经济社会生态长远发展的问题。近年来，尽管国家所得税政策对“两型企业”发展给予了一定的优惠空间，但其操作审批程序烦琐，具有较长时间的滞后，加之所得税分享制度缺乏弹性，对地方政府、企业在节约资源和保护环境方面的激励与约束力度不够大，不能有效制约地方官员短期化的行为。第三，在获取资源节约与环境保护信息成本方面，中央政府远高于地方政府，信息不对称为少数官员寻租、掩盖甚至帮助企业逃避资源和环境方面的监督与管制，结成利益同盟，提供了巨大的空间。第四，资源耗费和环境污染的负外部性巨大，特别是一些跨区域的生态环境问题，若离开全国的统一协调，那么其全局的最优化就无异于天方夜谭。地方财政在节约资源和保护环境方面的相关支出具有较强的正外部性，却未从中央税收中获得足够补偿，再加上保护与治理成本高昂，地方政府对资源环境问题的监管力度往往难以达到理想状态，甚至存在以邻为壑的倾向，严重影响“两型社会”建设。因此，应改革目前的企业所得税分享制度，通过调整不同类型企业的所得税税率，降低“两型企业”的所得税上缴比例[①]；同时中央通过转移支付的渠道，加大对中西部地区“两型产业”

① 黄志斌，林哲明．基于“两型社会”视角的企业所得税分享制度改革研究［J］．合肥工业大学学报（社会科学版），2012（4）：1-5.

发展的投入。

（二）产业转移机制方面

1. 深化行政管理和经济体制改革

进一步在加快转变政府职能上下功夫，实施“精兵简政”战略，大力减少和下放行政审批权，先简事再精兵，提高行政服务效率。推动相关行政许可、审批东中西部跨区域互认，做好转移企业各种必需的管理与审批政策的协调与衔接。要建立全国统一的土地市场、资本市场、劳动力市场与技术市场，促进生产要素在全国范围内的优化配置。要以党的十八届三中全会精神为指导，进一步加快资源型产品价格形成体系和环保收费制度的改革。迅速建立与东部地区相同的资源与环保标准，防止东部地区的污染企业向中西部地区转移，避免出现企业先污染东部、再污染中部、最后污染西部的现象。

2. 创新园区管理模式和运行机制

鼓励中西部地区通过委托管理、合作投资等多种形式与东部地区合作共建产业园区，创新产业的转移与承接模式，实现资源上的优势互补和利益上的分享共赢。支持中西部毗邻地区之间合作共建产业园区，避免相邻产业园区的产业结构趋同、恶性竞争，努力促进相互之间资源的整合利用和发展的互动相济。

3. 加强中西部地区与东部地区的互动合作

进一步推动在省际建立产业转移统筹协调机制、重大承接项目促进服务机制等，引导和鼓励东部地区产业向中西部地区有序转移，优化东部地区产业结构，促进中西部地区的产业发展壮大。充分发挥行业协会、商会等各种社会中介组织的桥梁和纽带作用，搭建产业转移促进平台。充分发挥中西部地区承接产业转移示范区典型示范作用和辐射带动作用[①]。充分利用长江经济带、丝绸之路经济带、21 世纪海上丝绸之路以及其他贯穿东中西部交通大动脉的作用，加强中西部地区与东部地区的互动合作。

---

① 国务院关于中西部地区承接产业转移的指导意见［EB/OL］. http：//www. gov. cn/zwgk/2010-09/06/content_ 1696516. htm，2010-09-06.

四、政策的执行

（一）严格执行相关法律法规和强制性标准

要加大执法力度，加强环境执法监督检查，严格执行能源、资源和环境的审计制度，构成社会性管理的新框架，并依法查处浪费资源、破坏环境的行为，逐步把“两型产业”的发展纳入法制化、规范化和科学化的轨道。大力推动“两型产业”发展指导目录、“两型企业”技术标准以及企业在环保、节能、技术、土地等方面的技术标准付诸实施，严格项目准入标准；严格落实节能减排体系、监测体系、监管体系和考核体系。《最高人民法院、最高人民检察院关于办理环境污染刑事案件适用法律若干问题的解释》进一步加大了对污染环境罪的量刑力度；新的《环境保护法》，授予环保部门对违法排污设备的查封、扣押权，规定了行政拘留措施、按日连续计罚制度、引咎辞职制度和环境公益诉讼制度等，加大了对违法行为的制裁力度，这给严格执行相关法律法规和强制性标准提供了保障和契机。

（二）切实兑现“两型产业”发展的激励政策

切实兑现推进“两型产业”发展的财政政策，加大对资源节约和环境保护的财政资金投入力度，形成稳定增长的绿色财政投入机制。认真落实贯穿于产品生命周期全过程的绿色税收体系以及与资源节约和环境保护相关的产业税收优惠政策，充分发挥其对“两型产业”发展的激励作用。大力推动企业所得税分享制度改革等新举措的落实，促进企业的“两型”化发展。

2014 年 9 月，国务院召开常务会议，部署进一步扶持小微企业发展，推动大众创业，万众创新。会议决定，在现行对月销售额低于 2 万元的小微企业暂免征收增值税、营业税的基础上，从 2014 年 10 月 1 日至 2015 年年底，将暂免征税的范围扩大到月销售额 2 ~ 3 万元的小微企业。对实施国家鼓励类项目的小微企业，进口自用且国内不能生产的先进设备，免征关税①。实际上，小微企业不仅仅是就业的主渠道，创新的重要

① 李克强主持召开国务院常务会议［EB/OL］. http：//www. gov. cn/guowuguan/2014 - 09/17/contont_ 275/902. htm，2014-09-17.

源泉，也是“两型产业”发展的关键，小微企业点多面广，技术水平相对低，更容易出现资源与环境问题。因此，可考虑对“两型产业”中的小微企业，进一步提高免征数额，扩大免征范围，以更好地促进“两型产业”的发展。

（三）深化改革行政管理体制

完善行政机构设置，适当突破行政区划，合理规划产业布局，深化行政管理体制改革，探索建立“决策科学、分工合理、执行顺畅、运转高效、监督有力”的行政管理体制，理顺职能分工，完善政府自我约束机制，保障“两型产业”政策的落实和效果。

推进“两型社会”建设综合配套改革，以改革释放发展的活力，以创新驱动发展转型，为转变经济发展方式提供体制机制保障。减少行政审批环节，实行灵活管理，加大生态保护、节能减排、公共服务等指标的考核权重，调动各级各部门的积极性，服务于“两型产业”发展。

（四）建立健全社会公众监督机制

公众参与是促使各级政府、各类组织、企业执行“两型产业”政策，采取环境友好行为，选择“两型”项目和生产的关键要素。近年来，我国环境污染群体性事件呈多发态势。从2007年6月福建厦门“PX项目”事件到2012年7月底的启东事件期间，共发生近十起引起较大舆论关注的事件。这些环境污染群体性事件表明建立公众参与并监督政府重大决策机制的重要性，因此需要建立健全社会公众的监督机制。美日欧等国的公众环保参与机制发达，成为落实其相关政策执行的关键环节。在我国《环境保护法》修改过程中，许多专家、学者就呼吁建立健全社会公众监督机制。知情权是公众参与的先决条件，公众若不能获得准确的生态环境信息，就谈不上参与权和监督权的有效行使。因此，要推动政府环境信息公开，推进对排污企业和地方政府的社会监督。环境信息公开是国务院确定的政府信息公开的重点领域，各级环保部门不仅要及时公开环保核查与审批信息，而且要保证公开的环境监测信息真实客观，并定期发布违法排污企业名单，从而推进公众深度参与环保公共事务，对企业和地方政府履行环境责任及执行相关政策的好坏程度进行有效监督。

目前，我国已就公众参与环境影响评价、公众参与环境行政许可听证、公众参与环境行政立法听证和公众获取环境信息提供了必要的立法保障。实践表明，公众的参与方式趋于理性，政府对公众的参与趋于适应。公众是以理性的方式、科学的数据、求实的态度来反映和支撑其诉求的，政府应以积极的姿态听取公众的诉求和意见，采纳公众的合理建议，不能采纳的建议要给予及时、合理的解释，对有疑问、暂时达不成一致意见的项目，要暂时搁置。要进一步科学论证和吸收公众参与，把大型群体事件消灭在萌芽状态，对已经出现的群体事件，要妥善处理，宽容部分群众的某些不妥行为，慎动警力，同时精准打击个别造谣生事、扰乱社会治安甚至违法犯罪的分子。要进一步健全社会主义民主制度，通过立法，明确规定公众参与的利益代表人机制，包括公众参与的人数、公众代表产生的方式与途径、权利与责任、时间，等等①，政府环境信息需进一步公开，社会公众举报投诉、信访、听证制度，环境影响评价公众参与制度，新闻舆论监督制度等需要进一步完善。由此建立健全社会公众监督机制，通过多种途径，广泛听取社会各方面和广大民众的意见和建议，提升“两型产业”政策的执行力度和效果。

① 曹俊．参与见证进步民意影响决策［N］．中国环境报，2010-02-22.

第五章　支撑中西部地区“两型社会”建设战略的科技政策

科学技术贯穿于“两型社会”建设的各方面和全过程，没有健全、完善的科技政策作支撑，“两型社会”建设的目标将难以实现。如何增强中西部地区的自主创新能力，构建和完善具有中西部地区特色的“两型科技”政策，促进“两型科技”研发和产业化，增强自主创新能力，以科技创新来驱动中西部地区“两型社会”建设战略的实施，是本章研究的重点。本章对现行“两型科技”政策进行了梳理和总结，以期找出其中的涵盖不足与功能缺陷，并结合这些政策在中西部地区的执行现状，提出了促进中西部地区“两型科技”发展的对策建议。

第一节　现行“两型科技”政策及其在中西部地区的执行效果分析

一、现行“两型科技”政策的归类梳理

（一）“两型科技”政策的内涵与作用

1. “两型科技”政策的内涵

“两型科技”政策是政府部门为了积极促进“两型科技”研发及其产业化而制定的专门性政策，其主要理论依据是生态系统的规律和人与自然和谐的原理，功能指向是科技研发过程中及其产业化后能够节约资源，减轻或消除生态污染和环境的破坏，生态负效应最小。传统的科技政策以经济效益为根本出发点，片面强调科技对 GDP 增长的作用，虽然带来了经济的增长和居民收入水平的提高，但是却造成资源的挥霍消耗和生态环境的肆意破坏，降低了居民生活的环境质量。因此，既追求经

济效益又追求生态效益和社会效益的“两型科技”政策体系的建设和完善无疑成为经济可持续发展、生态可持续运转、居民高水平健康生活的必然选择。

2. “两型科技”政策的作用

“两型科技”政策的本质内涵决定了它既是“两型科技”发展的推进器，也是“两型社会”建设战略实施的驱动板。其具体作用主要体现在以下三个方面：

第一，促进“两型科技”的发展。“两型科技”政策中诸如对“两型科技”研发及其产业化项目的优先资助、财政补贴和税收优惠政策，对“两型科技”研发及其产业化平台建设的投入倾斜政策等，将营造促进“两型科技”发展的政策环境和社会环境，激发科技人员研究和应用“两型科技”的热情和睿智，使“两型科技”成果不断涌现。

第二，促进资源利用效率的提高。“两型科技”在生产生活中的广泛应用，一方面可减少单位产出以及社会生活对资源的消耗，降低社会经济发展对资源的依赖程度，从资源使用的源头上釜底抽薪，避免环境治理的扬汤止沸；另一方面研发先进的生产工艺、农艺技术、环保技术和装备技术，可为社会经济发展提供关键技术的支撑，提高物质和能源的利用效率。此外，“两型科技”政策还推动了新能源的开发和使用，新能源的利用大大缓解了社会经济对传统能源的依赖，特别是逐步降低了对枯竭性非再生资源如石油和煤的需求。

第三，促进环境友好程度的改善。“两型科技”政策鼓励对废弃物回收循环利用的循环技术创新，将废弃物资源化，形成“资源—产品—废弃物—再生资源”的循环链圈，或使废弃物能在生态系统中自然降解，纳入生态系统的良性循环；同时鼓励针对废弃物的无害型技术创新，对废弃物进行无害化处理，减轻或避免废弃物对生态系统和人的伤害。这些无疑会大大降低废弃物的排放，减少生产活动对环境的影响，提高环境友好程度。

（二）我国“两型科技”政策的历史演变

1. 1992 年前的奠定期

1992 年以前，我国“两型科技”政策处于奠基阶段。这一阶段，国家处于贫困、落后的状态，工业不发达，科技水平较低，环境污染轻，能源消耗少。科技政策虽然没有将资源节约、环境保护和科技发展联系在一起，但对于“两型科技”政策体系建设起着必不可少的基础性奠定作用。此阶段的“两型科技”政策，一方面，立法理念不完善，政策制定的唯一价值指向是经济社会发展，认为国民经济发展比资源节约和环境保护更为重要，隐含先污染再治理的观念；另一方面，“两型科技”政策立法内容少，涉及面窄，政策体系基本上还处于萌芽状态。1979 年，国务院转发《关于提高我国能源利用效率的几个问题的通知》，具体提出了能源利用效率的要求。这一通知虽然认识到节能的必要性，但是由于当时认识和国情的限制，政策的侧重点集中在节约上，而对于从技术上提高能源利用效率鲜有提及。1980 年，国务院又批转《关于加强节约能源工作的报告》和《关于逐步建立综合能耗考核制度的通知》，将节能专项工作纳入国家宏观管理的范畴，并确立了节能在能源发展中的战略地位。1984 年，国家计委等三部委共同组织编制了《中国节能技术政策大纲》，进一步从政策上推进节能技术的发展。1986 年，国务院颁布了《节约能源管理暂行条例》（1997 年 11 月第八届全国人大常委会第二十八次会议通过的《中华人民共和国节约能源法》可视为在其基础上的发展），则为全社会节约能源，提高能源的利用效率，保护环境提供了法律保障。

2. 1993 年至 2005 年的改革发展期

“两型社会”建设作为国家的方针政策最早出现在 2005 年的中央人口资源环境工作座谈会上；随后，在中国共产党第十六届五中全会上，又正式确定为国家中长期规划的一项战略任务。1993—2005 年这一阶段有关资源节约、环境友好的科技政策虽有提及但总体上还是不完善、不全面的，处于改革和发展的阶段。此阶段与“两型”相关的科技政策主要有：

第一，为贯彻落实《中共中央、国务院关于加速科学技术进步的决定》（中发〔1995〕8 号）和《国务院关于环境保护若干问题的决定》（环法〔1996〕第 734 号），依靠科学技术进步，改善环境质量，实现“九五”国家环境保护目标，国家环境保护总局向各省、自治区、直辖市及重点城市的环境保护局、局直属及双重领导环境科研院所颁布了《关于环境科学技术和环保产业若干问题的决定》（环科〔1997〕209 号），此《决定》在加强环境技术研究和技术开发、推进环境科技成果转化和应用等方面做出了相关政策规定。

第二，出于鼓励技术创新和高新技术企业的发展的目的，财政部、国家税务总局发布了《关于贯彻落实〈中共中央国务院关于加强技术创新，发展高科技，实现产业化的决定〉有关税收问题的通知》（财税字〔1999〕273 号），对于技术创新方面的增值税、营业税、所得税、净出口税收等制定了税收优惠政策。由于高新技术的能源和资源消耗少，对环境的破坏作用小，此《决定》虽仍未出现“两型”的字样，但在一定程度上有利于后来所提出的“两型科技”的发展和“两型社会”的建设。

第三，中央于2000 年召开了由各省、自治区、直辖市和各部委领导参加的全国技术创新大会，就贯彻《关于加强技术创新，发展高科技，实现产业化的决定》（中发〔1999〕14 号）及全国技术创新大会精神，提出《关于加强技术创新深化环境科技体制改革的若干意见》（环发〔2000〕69 号），分析了环保科研系统所面临的问题，并提出了建立国家环境科技创新体系的建议。

第四，2003 年，为适应环保工作形势发展的需要，加强和改革环境保护标准工作，国家环境保护总局发布了《关于加强和改革环境保护标准工作的意见》（环发〔2003〕194 号），提出了加强和改革环境保护标准工作的建议，如完善国家环境质量标准，科学评价环境质量状况；尽快制定国家污染物排放标准，扩大国家污染物排放标准在各行业的覆盖面等。同年，《中华人民共和国清洁生产促进法》（中华人民共和国主席令第七十二号）规定企业应不断改进设计、使用清洁能源和原料、采取先进工艺技术与设备、改善管理、综合利用，从源头上减轻污染，提高资源利用效率。为贯彻执行这一法律，加快推行清洁生产，提高资源利用效率，减少污染物的产生和排放，保护环境，增强企业竞争力，促进经济社会可持续发展，国务院办公厅又转发了国家发展与改革委员会《关于加快推行清洁生产的意见》（国办发〔2003〕100 号），提出了清洁生产的原则和实施的相关建议。

第五，2005 年，《国务院关于落实科学发展观加强环境保护的决定》（国发〔2005〕39 号）提出，环境保护要“大力发展环境科学技术，以技术创新促进环境问题的解决”，明确了解决环境问题的科技创新取向及其保障机制。

3. 2006 年至今的改进完善期

这一阶段的“两型科技”政策处于改进完善阶段，政府部门深入反思、合理吸取自身以及发达国家的经验教训，面向“两型社会”建设的战略任务，对既往科技政策不断改进、创新和完善。2006 年，《国民经济和社会发展第十一个五年规划纲要》（国发〔2006〕29 号）提出，要“落实节约资源和保护环境基本国策，建设低投入、高产出，低消耗、少排放，能循环、可持续的国民经济体系和资源节约型、环境友好型社会”。同年，相关部门又公布了《关于增强环境科技创新能力的若干意见》（环发〔2006〕97 号）。2007 年，《环境保护科学技术奖励办法》（环办〔2007〕39 号）规定了环境保护科技奖励的总则和具体的实施办法。同年，政府部门发布了《节能减排综合性工作方案》（国发〔2007〕15 号），指出“要为我国节能减排技术的开发及推广构建一个相对完整的政策体系”；公布了《国家环境保护重点实验室“十一五”专项规划》（环办〔2007〕107 号）和《国家环境保护工程技术中心“十一五”专项规划》（环办〔2007〕107 号），将建成 30 个国家环境保护重点实验室和 50 个国家环境保护工程技术中心作为“十一五”期间的努力目标。2007 年 10 月 28 日，修订通过《中华人民共和国节约能源法》，自 2008 年 4 月 1 日起施行。2009 年，依据《中华人民共和国环境保护法》（1989 年）和《国务院关于落实科学发展观加强环境保护的决定》（国发〔2005〕39 号）的有关规定，政府部门制定了《国家环境保护技术评价与示范管理办法》（环发〔2009〕58 号）。2011 年，为积极推进我国环保产业发展，切实提升环保产业的水平和竞争力，相关部门制定了《关于环保系统进一步推动环保产业发展的指导意见》（环发〔2011〕36 号），提出要“突破自主创新瓶颈，提升环保产业技术装备水平”。另外，环保部于 6 月 28 日公布《国家环境保护“十二五”科技发展规划》（环发〔2011〕63 号）提出，除地方配套、企业投入和国际合作资金外，国家在环境保护科技领域预计投入约 220 亿元的经费，以完成《规划》所提出的 12 个领域的重点科技任务以及一批国家环境保护重点实验室、环境保护工程技术中心和野外观测研究站的建设。同年，政府出台的《国家环境保护“十二五”环境与健康工作规划》（环发〔2011〕105 号）旨在着力解决损害群众健康的突出环境问题，统筹安排、突出重点、有序推进环境与健康工作，并指出了加强技术支撑机构建设的重要性。

（三）现行“两型科技”政策的分类

根据以往学者的研究，“两型科技”政策的分类存在很多视角，如按照政策内容可以分为行业政策和综合政策，按照政策规范性可以分为法律法规、规定条例和措施办法等。本部分主要从政策的层次将“两型科技”政策分为国家层面上的政策和地方层面上的政策，具体如下：

1. 国家层面的“两型科技”政策

国家层面的“两型科技”政策是政策体系中最高层次的政策，处于统领的地位，其他的行业和地方政策都必须在国家政策的引领下进行进一步的细化和具体化工作。前述国家层面的科技政策体系中有许多涉及环境保护、资源综合利用方面的规定。例如，1989 年制定的《环境保护法》中对工业企业提高资源利用率做出了规定，2002 年颁布的《中华人民共和国水法》对节约和循环使用水资源做出了一系列的规定。这些规定虽然不是直接针对“两型科技”发展的政策，但对于“两型科技”的发展具有导向作用。而另一些国家层面的科技政策与“两型科技”的发展直接相关，如《关于增强环境科技创新能力的若干意见》《环境保护科学技术奖励办法》《国家环境保护重点实验室“十一五”专项规划》《国家环境保护技术评价与示范管理办法》等直接针对“两型科技”提出了激励性政策；《节能减排综合性工作方案》指出“要为我国节能减排技术的开发及推广构建一个相对完整的政策体系”；《中华人民共和国循环经济促进法》第四十三条规定：“国务院和省、自治区、直辖市人民政府及其有关部门应当将循环经济重大科技攻关项目的自主创新研究、应用示范和产业化发展列入国家或者省级科技发展规划和高技术产业发展规划，并安排财政性资金予以支持”；《国家环境保护“十二五”科技发展规划》提出要建设一批国家环境保护重点实验室、环境保护工程技术中心和野外观测研究站，也是直面“两型科技”发展的政策。这些政策对“两型科技”发展具有直接的推动和规范作用。

2. 地方层面的“两型科技”政策

地方层面的“两型科技”政策是根据国家政策的指导思想制定的，与当地的自然资源、人文环境等密切结合，切实符合地方特色，最适合用于促进和规范当地实施“两型社会”建设战略的科技政策。它在政策体系中虽处于低层，却是最具灵活性的。例如，2009 年 7 月湖北省第十一届人民代表大会常务委员会第十一次会议通过的《武汉城市圈资源节约型和环境友好型社会建设综合配套改革试验促进条例》（第 98 号）以及 2010 年 8 月中共湖南省委、湖南省人民政府发布的《关于加快经济发展方式转变推进“两型社会”建设的决定》（湘发〔2010〕13 号）等所提出的“两型科技”政策，具有一定的代表性。

二、现行“两型科技”政策的涵盖缺陷与功能缺陷

我国目前已经基本形成了以宪法、环境保护法等国家层面的政策为基础的“两型科技”法律法规体系框架。总体上看，我国的“两型科技”政策通过促进技术升级，对社会、环境的协调和可持续发展起到了积极的促进作用。但现行的“两型科技”政策与“两型社会”建设战略目标仍存在诸多不相适应之处，以下将从涵盖缺陷和功能缺陷两个角度分别进行论述。

（一）现行“两型科技”政策的涵盖缺陷

1. 综合性“两型科技”基本法尚有欠缺

我国目前欠缺综合性“两型科技”基本法，导致法律约束力不足。政府部门出台的“两型科技”政策，如《中华人民共和国清洁生产促进法》《关于增强环境科技创新能力的若干意见》《国家环境保护“十二五”科技发展规划》等法律条款基本上属于管理法律法规。同时，由于调整范围存在相互重叠的部分，导致有些法律法规间相互冲突，给执法造成了牵制和困扰，影响了法律的实施效果。此外，法律法规多强调了

肯定、鼓励、奖励等，而对强制措施的运用着力不够，管理和制裁手段也偏单一[①]，难以协力加快“两型科技”的发展步伐。

2. 技术标准体系尚不完善

我国现行的“两型科技”政策存在一定的环境技术规范、环境基准和标准体系等方面的规范空白，环境损害赔偿和监测等方面还存在与“两型社会”建设相矛盾的地方，对此没有制定相应的政策法规加以完善。诸如大宗型废物的专业性循环利用的问题，既是企业层次上的问题，又是区域和全社会层次上的问题，现行的“两型科技”政策法规还缺乏系统性和综合性的解决机制。

3. 科研政策体系尚有不足

“两型科技”的研究过程包含基础研究、应用研究、开发研究及其产业化诸环节，涉及高等院校、研究机构、政府部门、企业、中介机构诸主体，完善的“两型科技”政策应该覆盖科研过程的诸环节和各主体，形成有机关联的体系。我国现行的“两型科技”政策尚未达到这一要求，还有较大的填补空间。

（二）现行“两型科技”政策的功能缺陷

1. 可操作性不够强

现行的“两型科技”政策虽然涉及“两型”的内容和要求，但大多只是原则方面的，针对性不够强，操作细则不够到位，因此在总体上显得可操作性不够强。国家层面涉及“两型科技”发展的政策主要是大方向上的指引，对于如何具体实施的可操作性规定涉及较少。地方层面涉及“两型科技”发展的政策，如一些地方出台的科学技术进步条例，虽提出了本区域应发展的“两型科技”项目，但都没有深入企业层面，政策方案实施困难，可操作性弱。另一方面，“两型科技”政策的落实需要较大的经济投资，我国政府财政资金支出在结构上尚不合理，基础性建设项目的积累性支出所占的比重偏大，环境保护方面的补偿性支出相对较少，“两型科技”研发及其产业化的实际可利用的资金短缺，致使政府

① 刘青．我国循环经济立法模式探讨［D］．成都：西南交通大学，2008.

部门虽出台了一系列“两型科技”政策，但难以实施到位。

2. 整合管理不足

现行的“两型科技”政策体系缺乏一个真正让其融合的整体设计和宏观的整合管理，导致中西部地区“两型科技”难以高效协调发展。中西部地区包含很多的独立行政区域，每个行政区域的经济、政治、文化、环境都存在很大的不同。每个行政区域在制定“两型科技”政策时主要考虑的是各自“两型科技”发展状况，整体的科技项目缺乏规划，导致科技资源不能高效共享，从而形成了一定的“两型科技”建设同构现象，重复研发比重大，科技资源利用效率低。另一方面，科研机构在计划经济条件下形成的运行和管理机制迄今尚未完全打破，适应社会主义市场经济体制的机制尚未形成，科技和经济“两张皮”的问题还没有得到很好的解决，难以切实提高“两型科技”的投产率。

3. 体系运行效果失真

一项完整的“两型科技”政策运行路径应该是“制定—执行—反馈—调整—执行—反馈……”，上一阶段运行的效果直接影响到下一阶段政策的运行方向，而现行“两型科技”政策存在制定、执行、调整等方面运行效果的失真现象。首先，政策制定的源头上就存在误差，由于“两型科技”政策都是有关部门根据社会经济的需要而设定的科技政策目标和框架，然后组织专家学者进行论证、填充，社会公众参与的程度有限，这就导致了这些部门在科技问题的认识上存在失真的可能，任何专家和精英都不可能完全考虑到“两型社会”发展中科技方面面临的全部实际问题。其次，“两型科技”政策的执行存在误差，在“两型科技”政策的执行过程中，执行者与政策制定者有时缺乏沟通或沟通不够，只是谨小慎微地跟从，或仅以自己对于政策的理解去执行，并且执行者之间的沟通也不到位，种种问题所产生的分歧、误解甚至矛盾无疑会影响“两型科技”政策的执行效果。而且一些执行者缺乏必要的知识和能力及职业素养，对科技政策理解不透彻、把握不准确，也将导致科技政策的执行力减弱。最后，对“两型科技”政策执行过程的监督也存在不到位的现象；其一，“两型科技”政策监督主体的权责失衡，对监督主体在科技立项、资源分配、成果鉴定等方面的权利虽有明确界定，但对监督主体在运用这些权利之后的后果则责任不清。其二，“两型科技”政策是在“偏好伪装”下的无效监督。“偏好伪装”是人出于应对特定社会压力的考虑，将自己的真实欲望隐藏于心而不表现于外，在这种情况下对“两型科技”政策的执行情况的监督基本上只能听到少数“权威”的声音，而其他人则“尊重”“权威”的监督意见，保持沉默，结果达成“伪装偏好”下的一致。这种表面上的一致显然难以保证对“两型科技”政策的执行监督切实到位，也就难以通过反馈调整环节矫正“两型科技”政策的执行，导致“两型科技”政策运行体系的失真。

三、现行“两型科技”政策在中西部地区的执行效果分析

（一）现行“两型科技”政策在中西部地区执行过程中取得的成就

1. 符合中西部地区区情的“两型科技”政策体系框架初步建立

中西部地区针对各省市在发展“两型科技”中面临的机遇与挑战，结合自身优势，分析缺陷和不足，纷纷制定了具有地方特色“两型科技”政策，初步形成了“两型科技”政策体系框架，推动了国家“两型科技”政策在中西部地区的执行。例如，《山西省科学技术进步条例》提出了本区域支持发展的“两型科技”项目。《四川省环境保护“十二五”科技发展专项规划》中指出，要“掌握重大生态环境问题的发生机制、演化机理及其动态监测与调控措施，研究建立资源开发环境准入、风险评估和预警机制，集成并创新生态系统过程调控、生态恢复修复与重建关键技术，研究地震、山洪、泥石流等地质灾害发生后的生态恢复关键技术”等。《安徽省环境保护“十二五”规划》中要求：“开展重点领域污染防治技术评估，研发适合我省省情的低成本氮氧化物控制技术，加强重金属、持久性有机物和危险化学品的环境风险控制技术研发。深入推进‘水体污染控制与治理’科技重大专项的技术研发、示范与推广。加强固体废物环境风险控制技术、再生利用技术、无害化及稳定化处理技术研究。积极开展区域大气污染防治对策研究，提出科学合理的大气污染综合防治措施。”

2. “两型科技”在生产中的应用初见成效

自1986年以来，科技部坚持每年向贫困地区选派科技扶贫团，截至2013年年底，共向贫困地区选派了27届科技扶贫团，累计选派467人次，其中司局级110人次，处级206人次①，利用国家科技扶贫政策带动了贫困地区对“两型”生产技术的开发和应用。在扶贫模式方面，科技扶贫的新模式不断涌现，成就前所未有，如入选全国首批分布式光伏发电示范区的合肥市高新区，开展光伏扶贫下乡工程，2013年10月开始建设的100户首批“光伏下乡”扶贫工程家庭电站于2014年2月底全部实现并网，既增加了贫困户的收入，又促进了“两型科技”的应用。在农业方面，中西部地区一些地方大力开发和推广膜覆盖技术、作物混合理论和技术、畜禽养殖技术等“两型”农艺和优质高产品种，大大提高了农业现代化水平。在工业上，中西部地区开始重视资源的开发和综合利用，污染型企业被责令关闭，落后的生产技术正在被逐步淘汰，“两型技术”得到不断开发和应用。在防污方面，中西部地区研发并投入使用了一批适合于本地区资源丰富、生态承载能力弱区情的“两型科技”项目，减缓了环境污染恶化的趋势，对社会的协调、可持续发展形成有力支撑。

3. “两型科技”产品的消费市场占有率逐渐提高

“两型科技”产品是“两型科技”投入生产并进入消费市场的具体体现，此类产品可以有效促使人们消费观念和企业生产方式的转变。中西部地区的“两型科技”产品的快速开发，取代了许多科技含量相对较低、能耗相对较高、环境污染相对较严重的产品。随着中西部地区“两型社会”建设的不断推进，科技政策的促进作用逐渐显现，消费市场中资源节约型、环境友好型产品的市场占有率逐年提高，已达到环境标准的绿色产品，如无氟家用制冷器、无铅汽油、无磷洗衣粉等，也纷纷走入普通大众的日常生活。

4. “两型科技”政策的普及和教育力度明显加大

中西部地区政府加大了“两型科技”政策的普及和教育力度。目前，

---

① 科技部第27届科技扶贫团完成2013年定点帮扶任务［EB/OL］. http://www.most.gov.cn/kjbgz/201401/t20140123_111657.htm，2014-01-24.

中西部地区开展的环境保护教育工作和相关主题活动可谓有声有色。以安徽省为例，2011年6月26日，首批共15家企业被命名为“安徽环境友好企业”，这些企业由市、县推荐、初审，经安徽省环保厅专家组现场评审后，最终由省环保厅审核批准产生，在评审过程中向企业普及“两型科技”政策。2012年6月27日，以“关注饮水安全，保障群众健康”为主题的江淮环保世纪行出征仪式在合肥举行，参加活动的记者们分赴宿州、蚌埠、淮南、六安4市，围绕淮河流域饮水安全问题，对城乡集中式饮用水水源地保护、地下水利用及环境监测、城市饮用水应急预警机制建立等情况进行实地采访，并采取“回头看”的形式作跟踪报道，对“两型科技”政策起到良好的宣传教育作用①。自2012年1月1日起实施的《宁夏回族自治区环境教育条例》，是我国开展了近40年环境宣教工作后的第一部专门法规，填补了环境教育专门立法的空白，是我国环境教育制度创新的重要成果。在资源节约和环境友好的社会氛围中，中西部地区的“两型科技”民间和官方组织迅速发展，这些组织广泛使用可得的科学数据，从不同的角度，以丰富多样的方式，传播绿色科技知识，提高了公众使用绿色技术的意识。

（二）现行“两型科技”政策在中西部地区执行过程中存在的问题

1. 管理水平较低

中西部地区总体科技水平较低，再加上发展经济的迫切要求，以资源耗费和环境破坏为代价的企业仍占有很大的比例，“两型科技”研发和实施的比例相对较小，管理范围较小，管理措施较为单一，管埋水平较为低下。尽管采取了许多措施，但从整体上说，尚未形成适合中西部地区区情的“两型科技”管理科学机制。资源节约型、环境友好型产品数量较少、品种较单一，研发投产速度较缓慢，而且大部分局限于食品行业，缺少专业能力强的管理机构，消费市场上存在不少鱼目混珠的现象。

2. 成果转化率较低

中西部地区在“两型科技”方面的基础性研究和应用性研究较之东

---

① 政府信息公开［EB/OL］. http：//www.ahzwgk.gov.cn/XxgkWeb/showGKcontent.aspx？xxnr_id=102827，2012-08-19.

部地区起步相对较晚，许多先进技术的开发、引进和投产还没有显现其应有的作用。而且科学技术缺乏有效的示范性开发应用，应用机制尚未建立健全，科技成果转化较慢。相关“两型科技”的使用基本上还处于自发状态，即使有企业愿意采用“两型科技”，也会由于政策法规的具体激励不足、技术开发利用市场的高不确定性和高风险性等原因而放弃实施，违愿选择原有能源消耗高、环境成本大的技术。

3. 法律体系不够完善

中西部地区为了促进“两型科技”的发展，颁布了一系列的法律法规，但这些法律法规并不健全，缺乏可操作性。如规定过于笼统、过于宽松，更重要的是执法不严，以罚代管的现象较为常见。法律法规的滞后和矛盾问题也一直存在。同时，现行法律法规没有明确界定公民和企业的环境权利和利益，使得激励和监督机制缺乏法律依据、运转不灵，影响了公众和企业投身“两型科技”发展的积极性。

第二节　促进中西部地区“两型科技”发展的政策建议

政策是针对某些特定问题而制定的，但任何一种政策的制定、执行都不是孤立的，而是与其他各种政策措施相互影响、共同作用的。当代科技与社会经济的互动相济态势，决定了科技政策与财政政策、税收政策等政策措施之间不可避免地存有交叉综合。因此，“两型科技”政策乃是一个内涵丰富、外延广泛的概念。中西部地区要针对本地区“两型科技”政策体系存在的问题，系统推进与突出重点相结合，不断健全、完善“两型科技”研发和应用的财政政策、税收政策、资源和环境定价制度、技术标准体系。

一、健全“两型科技”研发和应用的财政政策

中西部地区应根据本地区“两型社会”建设实施的要求和条件，建立相应的财政资助和补贴制度，为满足社会经济发展需要的“两型科技”的研发和应用提供必要的资金支持，加强有利于资源节约和环境友好的

科技项目的立项资助，鼓励和支持这些项目成果的产业化。应该对采用环保技术的公司提供金融系统支持，对存在亏损的企业使用价格补贴、税前还贷、财政贴息等措施予以支持和鼓励，弥补其采用环保技术而带来的成本的上升，激励相关企业利用环保技术去改造以资源和环境为代价的传统技术，使其发挥一定的带头和示范作用。从操作层面上讲，政府在财政预算中要明确将“两型科技”研发和应用的财政资助和补贴纳入其中，并设定专门的评估和监督机制，确保这些财政资助和补贴资金落到实处并发挥其应有的效用[①]。同时，为了发挥政府宏观调控的作用，引导和指引社会资本向“两型科技”流动，应鼓励银行对企业的“两型科技”研发和应用给以贷款、利息、还款等方面的优惠。

二、完善促进“两型科技”发展的税收政策

应加强政府对“两型科技”发展的导向作用，对原有税收政策进行完善，建立一套可行性较高的能对中西部地区“两型科技”发展起更好促进作用的税收制度。重点可在以下四个方面进行完善：一是扩大资源税征收范围。将自然资源纳入征税范围，如海洋、淡水湖、草原、植被等，并在原有根据销售量征税的基础上加上对资源利用量的征税。这种复合型的征税制度可以促使企业对“两型科技”的研发和应用，使得单位产品的资源消耗最小化，从而遏制甚或消弭对资源的掠夺式开发与利用。二是完善资源税税率。对企业的排污量实行非线性征税制度，排污量越大，排污浓度越大，单位排污税越高，且呈阶梯式增加，以此促使企业进行技术的“两型”化改造，最小化企业的排污量。三是完善环境消费税。相关部门对消费者消费的产品实行差别化环境消费税，对高物耗、高能耗及对环境污染大的产品，征收高消费税，而对节能、环境标志产品等绿色产品，则征收低消费税，通过征税高低的不同提高节能环保产品的竞争力，促使消费者在消费产品时多消费环境友好和资源节约的产品，逐渐淘汰非环保性的产品及其生产技术。四是完善进出口税。国家根据进出口产品中蕴含的资源和能源程度设定不同的税率，对于资

---

① 单菁瑞．我国循环经济视野下的科技政策研究［D］．太原：太原科技大学，2011：43-44.

源非节约和环境非友好的产品实行高进出口税，而对其他产品实行相对较低的进出口税[①]。同时，对企业进口的“两型科技”设备或实用技术实行税收优惠，促进企业引进和学习更多的国外先进的“两型科技”。

三、建立资源和环境定价制度

为了使资源的价格和价值相符合，鼓励企业的节约资源、保护环境行为模式由被动型变为主动型，需要对资源和环境系统要素进行合理的定价，必须建立完善的定价制度、流程和监督体系。首先，将资源和环境的产权明晰化，确定明确的定价机制。改变原先公共产品的特性，将资源和环境视为商品，推向市场，通过市场供求的作用确定价格、波动方向和波动范围，使得企业在生产产品时将资源和环境纳入成本中，促使企业提高资源的利用效率，最终实现“两型”技术设备和生产工艺成为企业的首要选择。其次，建立面向企业的生态补偿制度。目前，拥有优势地位的强势企业往往占有了使用资源和环境所带来的经济上的好处，而将生态、资源环境成本转嫁给了弱势企业，这有失企业在生态环境面前的公平。建立面向企业的生态补偿制度应遵循“谁污染，谁补偿；谁补偿，谁受益”的原则，保护中小弱势企业[②]，资源消耗和环境破坏越严重的企业，承担的生态补偿的义务越大。这将规范主体行为，使得享受生态环境所得利益和成本相统一，为“两型科技”的发展和应用创造条件，形成良性的激励和约束机制。

四、完善“两型科技”技术标准体系

为了推广“两型科技”成果，淘汰现有的资源非节约和环境非友好的技术，必须建立一套标准的技术体系。相关政府部门牵头，科研机构组织“两型科技”方面的专家和学者，严格按照“两型社会”发展的要求，学习先进的经验，吸取既往的教训，在广泛的调研和充足的理论论证的基础上，建立一套既符合我国及中西部地区的实际及发展趋势，又

① 单菁瑞．我国循环经济视野下的科技政策研究［D］．太原：太原科技大学，2011：44.

② 单菁瑞．我国循环经济视野下的科技政策研究［D］．太原：太原科技大学，2011：45.

能与国际惯例接轨的技术标准体系。技术标准体系包括企业生产过程中的产品环保合格标准体系，“两型企业”的市场准入制度体系和非“两型企业”的市场淘汰制度体系，将不符合资源节约和环境友好标准的产品和企业从市场中淘汰出去，而将符合资源节约和环境友好标准的产品和企业大力引进市场，净化市场环境，促使企业积极研发和应用“两型科技”①，让“两型科技”破茧成蝶。

① 王红征，胡彧．论和谐社会的构建与生态税收［J］．特区经济，2006（1）：90-91.

第六章 支撑中西部地区“两型社会”建设战略的教育与人才政策

“两型社会”建设需要教育和人才的系统跟进，而“两型教育”的发展与“两型人才”的培养和使用又需要相应的政策体系的支撑。因此，建立健全中西部地区资源节约型、环境友好型教育（以下简称“两型教育”）和“两型人才”政策体系，在其“两型社会”建设战略的实施中不可或缺。其关键在于将资源节约和环境友好思想嵌入教育和人才政策体系中，进一步完善“两型教育”政策和“两型人才”政策，并加以具体细化和推广普及，创造有利于“两型教育”发展和“两型人才”成长的政策环境，充分发挥教育和人才对“两型社会”建设的支撑作用。本章首先对现有“两型社会”教育和人才政策进行了梳理，分析了其涵盖缺陷和功能缺陷以及在中西部地区的执行效果，然后阐明了中西部地区“两型社会”建设战略对教育与人才的要求，进而提出了进一步完善中西部地区“两型社会”教育和人才政策体系的建议。

第一节 “两型社会”教育与人才政策及其在中西部地区的执行效果分析

一、现行“两型社会”教育与人才政策的梳理

（一）国家层面的教育与人才政策的梳理

国家层面的教育与人才政策包括各种综合性和专门性的教育与人才规划、制度、方案、措施等。《国家教育事业发展“十一五”规划纲要》（国发〔2007〕14 号）、《国家中长期教育改革和发展规划纲要（2010—2020 后）》（国家教育部，2010）、《国家中长期人才发展规划纲要（2010—

2020 年)》(国家工业与信息化部，2010)《国家教育事业发展“十二五”规划纲要》(教发〔2012〕9 号) 等文件提出了要以中西部地区为重点，提高教育水平和稳步提升教育质量、缩小城乡之间和东中西部之间的发展教育的差距，以及加强教育的巩固和普及；全面提高教育服务于现代化建设和人的全面发展的能力，基本形成学习型社会，为进入人力资源强国行列奠定坚实基础。其中虽然未出现“两型教育”和“两型人才”的字样，但“加强战略性新型产业人才开发”、“突出培养造就创新型科技人才，大力开发经济社会发展重点领域急需紧缺专门人才，统筹推进各类人才队伍建设”、“提升基础研究和高技术领域创新的能力，建立人才培养与供给结构的调整机制”等内容，则与“两型教育”的发展和“两型人才”的培养及使用相关，见表 6－1 所列。此外，国家制定的一系列教育政策法规，如《关于普及小学教育若干问题的决定》(1980)、《关于筹措农村学校办学经费的通知》(1984)、《国务院关于基础教育改革和发展的决定》(2001)、《义务教育法（修订草案)》(全国人大 2005 年审议通过)、《国务院关于大力发展职业教育的决定》(2005)、《中共中央关于教育体制改革的决定》(1985)、《中国教育改革和发展纲要》(1993)、《教育法》(1995 年开始执行) 等，以及各层次各类型人才培养培训、选拔任用、评聘考核政策，对我国教育事业的发展发挥了巨大作用，对现在的“两型教育”发展和“两型人才”的培养与使用也具有一定的推动作用，这里就不作具体梳理。

表 6－1 国家层面“两型社会”教育与人才政策归类梳理

时间	政策名称	相关内容
2007 年	《国家教育事业发展“十一五”规划纲要》	以中西部地区为重点，提高教育水平和教育质量，缩小东中西部之间的发展教育的差距
2010 年	《国家中长期教育改革和发展规划纲要（2010—2020 年)》	人才培养要适应国家和区域经济社会发展需要，重点培养适合应用型、复合型、技能型、创新型人才，加强战略性新型产业人才开发

（续表）

时间	政策名称	相关内容
2010 年	《国家中长期人才发展规划纲要（2010—2020 年）》	突出培养造就创新型科技人才，统筹推进各类人才队伍建设；实施促进人才投资优先保证的财税金融政策、产学研合作培养创新人才政策；引导人才向农村基层和艰苦边远地区流动政策、人才创业扶持政策；促进科技人员潜心研究和创新政策；推进党政人才、企业经营管理人才、专业技术人才合理流动政策和边远贫困地区、边疆民族地区和革命老区人才支持计划①
2012 年	《国家教育事业发展“十二五”规划纲要》（教发〔2012〕9 号）	扩大紧缺人才培养规模，着力提升人才培养质量。提升基础研究和高技术领域创新的能力，建立人才培养与供给结构的调整机制

（二）区域层面的教育与人才政策的梳理

目前，中西部地区区域层面的“两型社会”教育与人才政策，主要以长株潭城市群和武汉城市圈出台的一系列“两型人才”政策为主，系统的区域层面的针对“两型社会”建设的教育政策尚未见到。

1. 长株潭城市群的“两型人才”政策

长株潭城市群“两型社会”建设综合配套改革实验区的人才政策，主要有《关于引进人才来湘工作的意见》（湘发〔2000〕9 号）、《湖南省鼓励留学人员来（回）湘工作的有关规定》（湘政办发〔2001〕13 号）、《湖南省“十一五”人才发展规划》（湘政办发〔2007〕28 号）及《湖南省中长期人才发展规划纲要（2010—2020 年）》等，都直接围绕“两型人才”的发展提出了相关政策。如《湖南省中长期人才发展规划纲要（2010—2020 年）》中明确指出：“推进湖南省新型工业化进程，提升人才的市场竞争力，做好‘四千工程’的人才挖掘和培养，加强新材

① 王勇．目标宏伟　鼓舞人心　催人奋进——学习《国家中长期人才发展规划纲要（2010-2020 年）》体会［J］．人才资源开发，2010（8）：29-31.

料、新能源、生物科技、创意文化、环保等新型产业人才开发和交通、金融、有色、石化、纺织、汽车、物流、钢铁等领域人才开发。”长株潭城市群“两型社会”综合配套改革实验区还借鉴其他省市“人才特区”的建设经验，以长株潭和湖南“两型社会”建设需求为导向，以长株潭的教育科研资源为依托，加快人才的培养和引进步伐，为人才作用的充分发挥搭建更多平台，激励人才在干事创业中成长，在成长中建功立业，在全社会营造尊重人才、鼓励创新、甘于奉献的浓厚氛围。

2. 武汉城市圈的“两型人才”政策

湖北省政府发布的《中共湖北省委办公厅、湖北省人民政府办公厅关于支持武汉城市圈“两型社会”建设人才政策的意见》（鄂办发〔2009〕13号文件），直接面向“两型人才”的吸引、培养与使用提出了相关政策，要求针对武汉城市圈“两型社会”建设对人才的要求，加大武汉城市圈领导人才培养力度，实施武汉城市圈高层次创新创业人才、现代服务业人才、高技能人才、农村实用人才等重点专项人才培养支持计划，同时引进适应武汉城市圈产业需求的高层次紧缺人才，促进武汉城市圈人才在圈域内合理流动，完善武汉城市圈人才评价激励保障体系，启动武汉城市圈“人才特区”建设，推进武汉城市圈人才资源与产业项目对接，建立武汉城市圈人才支持工作统筹协调机制，安排相应的资金予以支持，为加快武汉城市圈“两型社会”综合配套改革试验区建设提供强有力的人才和智力保障。

二、现行“两型社会”教育、人才政策的涵盖缺陷与功能缺陷

（一）“两型社会”教育政策的涵盖缺陷

1. 系统的“两型社会”教育政策缺位

在现行教育政策中有一些与“两型社会”建设相关的内容，但专门针对“两型社会”教育的政策尚有缺位，对“两型社会”教育的目标、布局、结构、支持缺乏系统安排。现在，教育政策本身在价值目标追求上就陷入鱼与熊掌的两难境地，例如既要追求效率又要讲求公平，既要扩大数量又要提升质量，既要追求短期利益又要顾及长期利益，既要满

足个体需求又要考虑社会需求等，着眼于“两型社会”建设战略的教育目标、布局、结构、支持容易被忽视，这是系统的“两型社会”教育政策缺位的主要原因。

2. 具体的“两型社会”教育措施缺乏

具体措施是政策系统设计的内在要求，由于系统的“两型社会”教育政策缺位，现行的“两型社会”教育政策只是零散地出现在非直接针对“两型社会”建设的教育政策之中，因而就难以制定具体的“两型社会”教育措施，“两型社会”教育也就无法得到有效落实。

3. “两型社会”教育政策效果评价较难

“两型社会”教育政策效果评价之所以困难，主要是因为教育培养对象具有特殊性。教育的主要对象是社会的人，现实生活中对人的评价考核比其他事物都要复杂得多，其复杂性在于难以通过量化指标对其培养质量的内涵进行精确的考核衡量。尤其是在“两型社会”教育政策缺乏系统性和具体措施、“两型社会”教育信息不充分的情况下，要全面准确地评价、考核“两型社会”教育政策效果需要耗费较高的成本，存在较大的困难。

（二）“两型社会”教育政策的功能缺陷

1. 导向性不强

“两型社会”教育作为面向“两型社会”建设的当代新型教育，主要是将节约资源和环境友好的思想贯穿到人才教育之中，并在全社会进行推广和普及，对教育活动和人的行为起到导向作用。结构决定功能，“两型社会”教育政策本身的结构缺陷，制约了其导向功能的彰显；中西部地区各级政府加大了教育的投入力度，预算内教育经费快速增长，2010 年中部地区教育经费投入为 36 471 594. 4 万元，西部地区为45 736 769. 7万元，但是与东部地区 78 089 848. 7 万元的教育经费投入相比，仅相当于其一半，难以保证“两型社会”教育的落实，在经济落后地区，“两型社会”教育的经费更是得不到有效保障，更难发挥“两型社会”教育政策的导向作用。

2. 协调性不足

协调是使某事物与其他事物保持平衡的过程，是在发展中由不稳定状态向稳定状态转化的过程。“两型社会”教育政策的协调，要求其内部互补相济、配套成龙，而不是相互矛盾和排斥，需要形成有机关联的政策体系，且体系中的各项政策作用点收敛，都聚焦于“两型社会”教育，作用方向一致，都对“两型社会”教育起促进作用。但是目前我国的教育政策正处于转变期，“两型社会”教育政策体系尚未形成，加之“两型社会”教育政策需要协调的对象和内容较之一般的教育政策更为宽广、复杂，更难掌握各利益主体间的均衡点，导致其协调性明显不足。

3. 控制性较弱

“两型社会”教育政策是以培养人的资源节约和环境友好意识、能力为出发点的，在其执行过程中总会因为历史和现实、主观和客观因素的影响而出现各式各样的偏差，需要通过控制机制不失时机地做出合理有效的调整和更新。在现行“两型社会”教育政策体系远未形成的情况下更要如此。控制是以信息的有效反馈作用为前提的。由于对“两型社会”教育的信息公布和反馈没有明文规定，加之对“两型社会”教育的认识不到位，缺少专门采集“两型社会”教育信息的意识和正规渠道，因而“两型社会”教育的信息难以掌握，造成对政策的控制功能弱化。另一方面，“两型社会”教育政策效果评价的困难，则使其反馈控制机制不灵，控制性削弱。

（三）“两型社会”人才政策的涵盖缺陷

1. “两型社会”人才专门政策不多见

目前，我国中西部地区出台过一系列的人才政策，但是直接针对“两型社会”建设需要的人才政策除长株潭城市群、武汉城市圈之外仍不多见，尤其是针对“两型社会”建设需要的管理经营与技术方面的人才政策，与承接产业转移与招商引资相配套的“两型人才”政策更为鲜见，不能适应本地区“两型社会”建设对人才的培养、补充和选拔任用的需要，还造成一些地方在承接产业转移与招商引资中引进了一些高耗能、高污染的企业，冲击了“两型社会”建设战略的实施。

2. “两型社会”人才引入机制不健全

目前，在中西部地区诸如武汉、成都、长沙、郑州等大城市人才密集，但广大的中西部经济尚不发达的中小城市，仍急需引入大量职业院校和本科院校的毕业生、硕士、博士等参与“两型社会”建设。中西部地区的一些地方，人才引入机制不够健全，比如在人才招聘中不同程度地存在重战术轻战略，重被动等待轻主动出击，重应急轻储备，重批次性招聘轻经常性招聘，重忠诚度轻协作式人才合作，重合同契约轻心理契约，重专业能力轻综合素质等诸多不足，在一定程度上造成“两型人才”引之不来、引非所需等问题。

3. “两型社会”人才激励机制不完善

中西部地区现有的人才激励机制还不尽完善，有的属于“事业励人”机制不完善，一些地方虽然给了人才相对优厚的待遇，但发挥其作用的机制不够健全，对其事业发展考虑较少，就其事业规划支持不力。有的属于“精神励人”机制不完善，对人才的工作和生活困难关心不够，对他们的意见和建议倾听和尊重不够，对其心理需要给予的人文关怀不够。有的属于“后续安排励人”机制不完善，如对辛勤工作于中西部艰苦地区的人才在后续晋升岗位职务、调任城市工作岗位等方面的优先机制的局限，使得一些人才对奔赴中西部艰苦地区工作心存顾虑。有的属于约束机制不完善，对习惯于朝秦暮楚、成心脚踩两船、刻意“流动”致富的“人才”缺少约束措施，形成负向激励。

（四）“两型社会”人才政策的功能缺陷

1. 人才管理有待进一步加强

近些年来，我国中西部地区的人才政策出台不少，但管理显得薄弱。一是人才引进与培养的系统规划和统筹安排不够，各自为政、政出多门的现象仍然存在，影响了人才引进与培养工作的有序、高效展开，难以适应“两型社会”建设战略的需要。二是现有一些人才中介市场存在监管不够有力、服务不够到位、信息不够完善等薄弱环节，以致对外发布虚假信息，乱收费、文凭证书造假等现象时有发生。三是往往缺乏对人才政策事前预评估与事后评价，在一定程度上造成对执行效果心中无数、对政策改进无据可依的状况。

2. 人才安全问题有待进一步重视

人才安全与社会经济发展水平高度相关，社会经济发展越是滞后的地区，人才安全问题越是突出。在我国，中西部地区的人才安全问题比东部地区要突出，往往容易被忽略，多数环节处于空白状态，尤其是一些重点领域、核心部门的高端人才被发达地区甚至国外“挖走”的风险较大，这将严重影响本地区“两型社会”建设对关键性人才的需要。中西部地区没有足够重视对人才安全问题的系统性调查以及在人才安全上潜在风险与隐患的分析，出台的人才政策特别是“两型人才”政策，其政策本身及执行过程往往忽视了人才安全问题，大多缺乏人才流失的“防火墙”，难以保障本地区的人才安全建设。

3. 人才纠纷方面的相关政策有待进一步清晰

在市场经济背景下，人才流动是正常现象，但随之出现的人才纠纷问题也日益突出。一些企业事业单位对人才流动引起的纠纷，仍然采取传统的行政手段，不习惯或不善于运用人才政策包括法律手段去解决人才纠纷问题。一方面，一些单位把人才当作本单位的私有财产，采用行政手段去刁难人才，宁可陷之于溪，也不放之于海，阻碍人才的正常合理流动；另一方面，有些“人才”流动后通过非法方式转让自己掌握原单位的技术秘密给原单位的竞争对手，损害原单位的利益，而原单位对他却束手无策。这些现象的出现，显然与人才政策中有关人才纠纷处理的相关规定不清晰有关。

三、现行“两型社会”教育与人才政策在中西部地区的执行效果分析

（一）“两型社会”教育政策执行效果分析

1. 为“两型社会”的发展提供了各类人才

中西部地区现有“两型社会”教育政策在一定程度上增加了中西部地区的人才总量，提升了人才的质量，促进了中西部地区人才培养结构的合理调整，促进了中西部地区城乡教育的协调发展，促进了中西部地区教育与区域经济的同步发展。根据长株潭“两型社会”建设总体规划（见表6－2所列），其区域经济总量要从2007年的3 462.05亿元提高到2020年的16 000亿元，预计要达到这些目标，年经济增长率必须达到11%以上，这就需要大量的各类人才做支撑，对人才总量提出了更高的要求，也为“两型社会”人才培养与引进提供了广阔的空间。

表6-2　长株潭“两型社会”建设总体规划①

时　间	区域经济总量（亿元）	人均 GDP（万元）
2007 年	3 462. 05	3. 3
2015 年	10 760. 00	6. 7
2020 年	16 000. 00	11. 0

2. 与东部地区的教育发展差距缩小

近些年来，由于我国依据教育规划及其政策加大了对中西部地区教育发展的支持力度，教育资源开始更多地流向中西部地区特别是其落后地区，教育资源配置开始趋向于合理，东中西部之间、城乡之间的教育发展差距逐步缩小，一所所希望学校在中西部地区拔地而起，“春蕾计划”“幸福工程”“高招扶贫”有效开展，九年义务教育在中西部地区得到落实，中西部地区的大学招生规模得到扩大，教学条件得到改善，师资队伍得到优化，各级各类学校数及其升学率不断提高，在校学生数、毕业生数、教职工数持续增加。仅以 2011 年初级中学学校数、在校学生数、毕业生数、教职工数为例，中西部地区与东部地区的差距已明显缩小，具体见表 6-3 所列。有关教育公平的政策在中西部地区的受益面越来越大，也惠及中西部地区“两型教育”的发展。

表6-3　各地区初级中学基本情况（2011 年）　　单位：人

	学校数（所）	初中在校学生数	初中毕业生数	初中教职工数
全　国	54 117	50 668 024	17 366 786	3 524 517
东部地区	15 541	16 594 199	5 751 438	1 222 030
中部地区	17 200	15 035 438	5 127 828	1 013 569
西部地区	16 824	15 866 879	5 367 495	1 019 782
东北地区	4 552	3 171 508	1 120 025	269 136

① 潘晨光. 中国人才发展报告（2010）[M]. 北京：社会科学文献出版社，2010：316-325. 转引自罗梅健，宋本江. “两型社会”背景下长株潭人才开发的重点与对策 [J]. 人口与经济，2011（1）：47.

3. “两型社会”思想得到一定的传播和普及

目前，中西部地区“两型社会”教育政策与其他相关的宣传教育政策相互渗透，使得资源节约和环境友好的“两型”思想得到了一定的传播和普及，社会公众的“两型社会”意识得以增强。鉴于中西部地区生态环境在我国的重要战略地位，一些地区是我国的生态安全屏障，如何进一步加大“两型社会”教育政策执行力度，深入家庭、社区、学校、科研机构、企业以及其他企事业单位，全面展开“两型社会”教育，广泛发动全社会的力量参与建设“两型社会”，引导社会公众自觉养成爱护自然环境和生态系统的思想意识和相应的道德文明习惯，从而防止中西部地区重蹈发达国家和地区“先污染、后治理”“边污染、边治理”的覆辙，依然任重道远。

（二）“两型社会”人才政策执行效果分析

1. “两型社会”人才政策落实不够

近些年来，按照“两型社会”的人才培养目标和需求，中西部地区的人才政策取得了一定的积极效果，人才总量有所增加，整体水平有所提高，与“两型产业”相关的人才比重显著提高，对区域经济社会发展的支撑作用明显增加。但中西部地区“两型社会”人才政策落实仍然不够，特别是在一些贫困地区，一些人才的工资及应有待遇都难以得到切实保障，更不用说执行“两型社会”人才政策了。中西部地区“两型社会”人才总量不足等问题比较突出，很大一部分原因就在于目前“两型社会”人才政策的落实不够。

2. “两型社会”人才激励效果欠佳

如前所述，中西部地区现有的人才激励机制还不尽完善，对人才包括“两型社会”人才的激励效果欠佳。特别是在落后地区，对人才缺乏激励的优势条件和手段，难以使人才扎根于斯，发展于斯，往往风落他家，结果造成自身人才匮乏。同时，中西部地区的大城市，物价上涨过快，生活压力较大，如果没有合理保障，无法解除人才特别是青年人才的后顾之忧，也很难吸引优秀人才特别是青年人才安家落户，投身“两型社会”建设。这些问题的解决都需要人才激励机制的进一步完善。

3. "两型人才"分布结构不尽合理

"两型社会"人才政策还处于起步阶段，自身缺陷明显，人才分布结构从而也不尽合理，具体表现在：第一，部分地区人才引进政策脱离实际，单纯地追求高层次人才，但中西部地区不少地方，劳动密集型企业多，高新技术企业少；传统优势产业多，新兴战略性产业少，现实中缺乏吸引高层次人才的土壤，人才主要集中在条件较好的大城市，造成人才分布结构与产业发展不太吻合。第二，中西部地区的专业技术人才主要集中于教育、卫生等领域，而"两型社会"建设所需要的生态、环保、新能源、新材料等专业领域人才严重短缺。第三，人才主要集中在工资待遇好的国有企事业单位，中小民营企业人才少，人才层次结构明显不合理。

第二节　中西部地区"两型社会"建设战略对教育与人才的要求

中西部地区"两型社会"建设战略的实施对教育和人才提出了新的要求，需要教育模式与培养模式改革的跟进，需要明晰"两型人才"培养在知识、素质和能力上的具体要求，为"两型"教育与人才政策的完善提供着力点。

一、"两型社会"教育模式及要求

（一）"两型社会"教育模式

"两型社会"教育模式是现有一般教育模式与"两型社会"建设战略相结合的教育模式，其关键在于将资源节约和环境友好的知识与思想理念融入现有一般教育模式之中，为"两型社会"建设战略提供教育支撑。"两型社会"的教育模式主要包括：

1. "两型社会"教育的产学研合作模式

"两型社会"教育产学研合作模式是基于资源节约和环境友好的出发点，企业作为技术需求方，科研院所和高等学校作为技术供给方，需求方和供给方相互合作的一种教育模式[①]。“两型社会”教育产学研合作模式的目标是提高学生的整体素质，适应“两型社会”发展的需要。这种模式的特点是以“两型社会”发展需求为导向，以“两型社会”实践为选题之源和成果运用去向，在专业知识的研究与学习时，融入环境友好与资源节约的思想理念。一方面，把能力、知识和素质教育与“两型社会”建设融合起来；另一方面，通过产学研合作的途径，使培养的学生能够适应环保产业、新能源、新材料产业等“两型产业”发展的需要。它必须遵循产学研合作教育模式的一般规律，同时将“两型社会”理念贯穿于产学研合作教育的各个环节。

2. “两型社会”教育的订单模式

订单式教育模式是指作为供给方的院校和作为需求方的企事业单位根据供需关系共同商讨制订人才培养计划，签订协议，并在两者之间进行交换教学和实践，达到毕业要求的学生可以直接到用人单位就业的一种合作教育模式。根据订单式教育模式的周期特点，目前国内有两种子模式：第一，短期订单模式。通常在半年或一年的时间里，供给方根据需求方的需求，让学生补修相关专业课程，学生达到毕业要求后直接到提出需求的企事业单位就业。这种模式可以按照企事业单位的近短期即时人才的最新要求，安排“充电”式教学，按照市场规律培养企事业单位急需的人才，但是由于不同的用人单位的需求复杂多样化，补缺补漏的内容也不尽相同，院校实施起来会存在一定的难度。第二，长期订单模式。指作为需求方的企事业单位在学生刚入校不久就对院校下订单，作为供给方的院校则会针对企事业对人才的需求，与其共同制订学生在校期间的培养计划，加以组织实施。这种模式要求企事业单位制定中长期发展规划，并按照中长期发展规划对人才的需要下订单，以保证培养的学生毕业后正好满足其发展需要[②]。据报道，2014 年 5 月 22 日，李克强总理在有 50 多年历史的内蒙古赤峰工业职业技术学院考察时，对学校

① 张恩栋，杨宝灵，姜健，等. 国内外高等学校产学研合作教育模式的研究［J］. 教学研究，2006（3）：196-199.

② 刘守义. 我国高职教育产学合作教育模式分析［J］. 教育与职业，2006（11）：3-5.

同企业联合订单培养、实现学生全部就业表示赞赏。具体到“两型社会”教育的订单模式，就是需求方所下订单聚集于其所需要的“两型人才”，供给方所实施的培养计划所针对的是“两型人才”的培养，从而使面向“两型社会”建设的人才供需结构高度吻合。

3. “两型社会”教育的远程开放模式

“两型社会”教育远程开放模式是将资源节约和环境友好型的教育思想通过计算机、网络和远程通信技术传递给学习者，基于综合网络的导学功能协同教学。这种教学模式是依靠多媒体技术、便于学习者自主学习的一种教育模式，具有灵活性、选择性、开放性的特点，其传播速度快，融合面广，方式新颖突出，不受时间和空间限制，学习者可以即地根据需要选择学习内容，进行个性化的自主学习，有利于“两型社会”的理念、知识与技术的广泛传播和有效推广。中西部地区地域广阔，特别是一些偏远落后地区的师资力量还比较薄弱，教育宣传力量也往往捉襟见肘，“两型社会”教育远程开放模式能够使落后地区共享到发达地区的雄厚师资力量和教育宣传力量，适时获取“两型社会”的理念、知识与技术。在这方面，国培教育网站大有用武之地。

（二）“两型社会”教育要求

1. 生态道德教育与各种教育模式相贯通

生态环境的承载能力和人对自然资源的利用是有限的，保护生态环境就是保护生产力，改善生态环境就是发展生产力[①]。“两型社会”教育的基本要求就是将生态道德道德教育贯彻到教育过程和各种教育模式之中，引导人们树立生态价值观。首先，要树立资源循环利用的观念，大力发展循环经济，减少资源过度消耗、降低废物排放，真正将资源节约、环境友好落在实处。其次，要树立正确的节约消费观。节约消费观就是要人们走出人性物化主义、拜金主义、虚荣攀比、放纵欲望的园囿，降低物质消耗，减少铺张浪费，维护生态平衡。最后，要树立热爱自然、热爱生态的观念。自然生态具有其外在价值和内在价值，它是人类社会

① 习近平．在中共中央政治局第六次集体学习时强调：坚持节约资源和保护环境基本国策，努力走向社会主义生态文明新时代［N］．人民日报，2013-5-25.

价值得以持续创造的源泉，要教育人们善待自然，认识到人是自然的朋友而非主宰；人不应成为自然的肆虐者、征服者，而应该成为自然的建设者、保护者。

2. 基础素质教育与"两型社会"教育相结合

"两型社会"教育是一种新型教育理念的体现，它融汇于其他形式的教育中。基础素质教育旨在提高我国公民的基本素质，在人才培养过程中起到奠定基础的作用。基础素质教育与"两型社会"教育相结合主要从以下几点出发：一是多种学科相互渗透"两型社会"理念，把"两型社会"的思想和理念渗透到各学科的教材和各个教学阶段中去；二是在校本课程学习过程中培养学生"两型社会"意识，学校在课程建设方面应充分体现"两型社会"教育理念；三是利用校园文化、活动等各种学校教育载体树立"两型社会"观念。

3. 专业人才培养与"两型社会"建设相对接

"两型社会"教育在我国及其中西部地区起步较晚，符合"两型社会"建设要求的专业性人才尤其在资源能源、新材料、生态环境保护、生物技术等领域的人才存在着数量不足、结构不合理等问题。以2010年中部六省中等职业教育为例，信息技术专业招生所占比重接近30%，但与"两型产业"发展密切相关的专业，如能源、资源环境、交通运输等所占的比重均不到2%，与其"两型社会"建设的实际需求明显脱节。因此要致力于上述各种"两型社会"教育模式的推广，同时推动在各类专业人才教育培养中增添与"两型社会"相关的内容，并通过国培计划等加大"两型"继续教育和培训力度，全面提升专业人才队伍的"两型"素质和能力，实现专业人才培养与"两型社会"建设的普遍对接，培养大量符合"两型社会"建设要求的专业人才。

二、"两型人才"培养模式及要求

（一）"两型人才"培养模式

人才培养模式是人才教育模式的具体化。与上述"两型社会"教育模式及要求相联系，下面几种主要的"两型人才"培养模式值得推行。

1. “渐进项目”培养模式

“渐进项目”培养模式指的是按照现有的教学体系进行从简易到综合、从基础实践到专业实践的项目化难易递进分层，再进行分阶段渐进课程教学的一种人才培养模式。首先引导学生在对所参与的项目进行分析的基础上分解项目任务，并逐一分配给项目组成员；继而要求项目组成员在规定时间内完成各自所承担的任务，在任务完成后参与项目成果测试与评价。如此通过项目化教学过程中的教师引导与辅导，作为项目组成员的学生能够自觉思考发问、探究式学习，有助于其提高技术实践能力、锻炼技术型创新思维和增强团队合作意识①。具体到“两型人才”的“渐进项目”培养模式，就是院校要与时俱进，根据本地区“两型社会”的发展需求制订一系列分层次、分难度的项目化培养计划，按照从简易项目到综合大项目、从基础实践项目到专业实践项目的进路循序渐进，每一项目的实施则按照上述流程和方法逐步落实，使“两型人才”的培养更适应当地的“两型社会”发展需求。

2. 校企合作培养模式

校企合作培养模式是指以校企相互合作为纽带，使院校与企业之间建立稳定长期的人才需求供给关系的一种培养模式。通常情况下，可实行导师制度，理论课主要由院校教师承担教学，实训课则主要交由技师或者企业师傅培训完成。院校可以联合多家企业一起培养，在校外由企业投资购买实习设备，建立校企实训基地，搭建良好的实践教学平台，规范学生在企业见习与顶岗实习的运行机制。这样，学生就能在企业的生产实践活动中得到锻炼学习，学到生产实践中的最新技术知识，从而既为培养学生的技术创新能力打下基础，又可为企业输送一批技术型创新思维与实践能力强的人才②。面对“两型社会”建设的战略任务，须对这种校企合作的培养模式进行“两型”化改革，一方面，要在理论课程教学中贯穿“两型社会”的科学知识和价值理念；另一方面，要在企

① 郝钢，卢立红. 长株潭地区两型社会建设创新型人才培养［J］. 文史博览（理论），2012（5）：51.

② 郝钢，卢立红. 长株潭地区两型社会建设创新型人才培养［J］. 文史博览（理论），2012（5）：51.

业见习、顶岗实习中发现问题、解决问题，培育学生的“两型科技”的创新意识和能力。

3. 创新素质拓展模式

创新素质拓展模式是在院校人才培养方案中设置素质拓展和科技创新科目，并将之纳入学分考核的一种培养模式。素质拓展和科技创新科目主要包括学生参加科学商店、课外科技活动、科技作品竞赛以及校园创新互动等创新实践活动的培养环节设置。具体的做法主要有：（1）以教师的科研课题为载体，让学生在实际的科研活动中培养创新素质；（2）学校要划拨一定的专项经费，实施学生创新创业训练计划，支持学生自主承担素质拓展和科技创新小项目的研究，并在教师指导、帮助学生解决项目研究中的技术障碍上提供条件；（3）依据学生进行素质拓展和创新活动的过程、成果以及所表现出的创新毅力和责任心予以综合考评，决定其成绩优劣，有效促进学生创新素质的拓展和提高；（4）将学生的社会实践活动纳入创新素质拓展范畴，实现校园创新互动、课外科技活动与社会实践的互补相济，培养学生参与创新性活动的兴趣[①]。从创新素质拓展的示范培养角度考虑，可以尝试设置博雅班、卓越班、实验班等具体培养模式，以点带面，带动整个学校的素质拓展教学。因应“两型社会”建设的战略需要，则必须在素质拓展培养模式中添加“两型社会”的内容，着力培养学生的“两型”创新素质。

（二）“两型人才”培养要求

“两型人才”指具备相关的专业素质、技能、知识，同时节能环保意识强，可以对“两型社会”做出贡献和创造劳动的人[②]。根据“两型社会”建设战略对人才的要求分析，“两型人才”培养应在以下几个方面着力：（1）政治思想素质高。政治思想素质高是“两型人才”素质中最重要、最核心的要求。“两型人才”只有具备良好的政治思想素质，才能自觉地投身到“两型社会”建设中去，不懈追求人与自然、人与社会、

---

① 郝钢，卢立红．长株潭地区两型社会建设创新型人才培养［J］．文史博览（理论），2012（5）：51.

② 王海文．积极推进两型社会的人才制度建设；［J］．理论学习，2012（3）：54.

人与人、人自身的和谐。(2)创新能力强。我国及中西部地区“两型社会”建设是一项开拓性的社会主义事业，需要具有创新能力的人才，“应试型”“填鸭式”人才培养模式所培养出来的人才往往“知识有余而创新能力不足”，不符合“两型社会”建设战略的要求，只有按照如上所述的人才培养模式进行改革，才能培养出具有创新周期较短而创新效果较好行为特点的“两型人才”。(3)科学理论和技术水平较高。“两型社会”中的实践活动需要“两型社会”人才的理论科学来做指导，同时具备较高的技术水平，能够很好地使用技术、消化技术、掌握技术，能根据“两型社会”的市场需要改进创新生产技术、产品性能，增加产品种类、规模和型号等。(4)个性心理素质良好。一个心理素质良好的人是知情意协调发展的人，这样的人才能够更好地为“两型社会”建设服务。

第三节　面向中西部地区“两型社会”建设战略的教育与人才政策的完善

政策不仅指政策内容本身，还包括政策的执行，因此政策的完善就包括了政策内容和制定机制的完善、执行条件和效果的改进。“两型社会”教育与人才政策的完善亦是如此。

一、“两型社会”教育政策的完善

(一) 完善“两型社会”教育政策及其制定机制

主要是要完善“两型社会”教育政策的内容涵盖及其制定机制。目前，我国及中西部地区的“两型社会”教育政策主要包含在有关教育规划及人才规划之中，其独立性、涵盖面不够，需站在生态文明建设的高度，结合生态文明制度体系的建立予以专门化、系统化，制定科学合理、行之有效的国家和地方“两型社会”教育政策体系。为此，有必要对以往的政策制定机制进行合理调整和完善，使国家在制定与“两型社会”建设相关的宏观教育政策时，能够充分吸纳中西部地区的意见，以适应中西部地区“两型社会”教育的需要和“两型人才”培养的要求。另一方面，包括中西部地区在内的地方政府要自主制定契合本地实际的“两型社会”教育政策，以增强政策的针对性和有效性。

（二）加大“两型社会”教育政策的执行力度

“两型社会”教育政策的执行是“两型社会”教育政策得到彻底、全面、合理贯彻的保证，是在功能彰显上完善“两型社会”教育政策的要求。但是就目前政策取得的实际效果来看，执行力度还较欠缺。如各地重点高校扩大农村贫困地区定向招生专项计划、农村学生专项自主招生等“高招扶贫”政策，本意是给寒门学子接受高等教育予以倾斜，也有利于中西部地区“两型人才”的培养，但在一些地方却出现政策执行“走样”的苗头，个别基层官员把孩子送到贫困县高中就读，与贫困孩子争夺政策照顾机会，对此若不加以警惕和遏制，就有可能使“高招扶贫”沦为权力盛宴。所以，加大“两型社会”教育政策的执行力度是充分发挥“两型社会”教育政策作用的保障。主要从以下几个方面入手：第一，加强“两型社会”教育政策执行队伍建设。一是要通过培训教育等方式加深既有政策执行人员对“两型社会”教育政策的充分理解；二是要培养和引进优秀人才，为政策执行队伍注入新鲜血液。第二，营造良好的制度环境，打破“两型社会”教育政策执行过程的制度约束，减少政策的执行环节，提高执行效率。使信息渠道通畅，疏通“两型社会”教育政策相关利益者的信息监督和反馈机制。第三，要推进包括学生、家长、学校、教师、社区在内的社会舆论群体参与“两型社会”教育政策的执行监督和信息反馈，做到执行效果对外公开透明，确保“两型社会”教育政策执政人员的执行力度到位。

（三）加大“两型社会”教育政策的宣传力度

“两型社会”教育政策自提出以来，国民文化水平大幅度提高，但人们对“两型社会”教育政策的认知水平有限，难以准确理解“两型社会”教育政策的内涵，导致教育政策很难被大多数人认同接受，所以有必要加大“两型社会”教育政策的宣传力度，使大多数人领会教育政策的内涵、目标和实施及其对自己和社会可能带来的影响，尤其是绿色福利得失和社会的长远发展等，让“两型社会”教育政策能够被大多数人理解并接受。而且“两型社会”的教育是长期利国利民的政策。只是目前正处于起步阶段，社会影响力小。所以更要加强对“两型社会”教育政策的宣传推广，让更多的人从中受益。

二、“两型社会”人才政策的完善

（一）完善领导干部的教育、培养、选拔和任用体制

领导干部是极为重要的经济社会管理人才。我国的党政主要领导干部在我国社会经济发展中起着极为重要的作用，特别是地方党政主要领导干部，主导着区域经济发展模式，主导着区域产业结构，主导着大量的社会经济资源配置。因此，中西部地区要有效发展“两型社会”，首先需要按照科学发展和生态文明建设的要求，对地方党政主要领导干部进行“两型社会”的理念与知识的培训与教育。目前，虽然各地都在深入贯彻落实科学发展观，推进生态文明建设，致力于节能减排，但针对环境友好、资源节约的理念和知识的教育培训还比较零碎，不够系统，有的甚至浮于表面，流于形式，难以扎根于党政主要领导干部的内心深处。在党政主要领导干部的选拔与任用中，对其贯彻落实科学发展观、推进生态文明和“两型社会”建设的考察还不够明确和具体，还未有效地把环境友好与资源节约融入考核体系之中，以致在他们中片面追求经济增长、忽视环境保护和资源有效利用的现象还时有发生。因此，完善面向“两型社会”建设的领导干部的管理体制，一是要对现有党政领导干部进行系统深入的教育与培训，使他们深刻把握资源利用与环境保护的相关知识，真正树立“两型社会”的发展理念。二是在对党政领导干部的考核中，要把“两型社会”建设的一些要求加以量化、具体化，真正融入考核体系之中去。三是在领导干部的选拔与任用过程中，要真正重用具有“两型社会”建设理念、知识和能力的领导干部，形成正确的用人导向。领导干部在“两型社会”建设中的政绩要看得见、摸得着。特别是在一些污染严重、环境退化、资源紧缺的地区，主要领导干部的任用要看其对资源与环境的治理，看绝大多数群众是不是满意。四是要建立针对重大的资源与环境问题的完整、科学、严肃的追责制度，要设立生态

功能保障基线、环境质量安全底线、自然资源利用上线等生态红线，对在资源利用与环境保护上出现重大问题和触及“生态红线”的地方党政主要领导干部实行一票否决。

党的十八大提出将生态文明建设纳入党和国家“五位一体”的战略布局，要求通过加强生态文明制度建设实现“美丽中国”梦。《中国农村扶贫开发纲要（2011—2020年）》将主要位于中西部地区的集中连片特困地区作为扶贫攻坚的主战场。2014年1月，中共中央办公厅、国务院办公厅印发《关于创新机制扎实推进农村扶贫开发工作的意见》，要求以改革创新为动力，着力消除体制机制障碍，增强内生动力和发展活力，加大扶持力度，改革贫困县党政领导的考核机制，对生态脆弱的贫困县取消GDP考核指标，以集中连片特困地区为主战场做好生态建设等工作。这就为改革中西部贫困地区的领导干部的教育、培养、选拔和任用体制提供了顶层设计和战略机遇，同时也为完善“两型社会”领导干部的教育、培养、选拔和任用体制提供了参考和依据。

（二）完善“两型社会”的人才开发政策

一是调整既有人才培养开发规划及政策。在调查研究的基础上，分析现有人才结构及现有人才知识、能力、素质的现状，确定“两型社会”建设在专业人才、党政人才诸方面所面临的问题所在，从而依据我国和中西部地区“两型社会”建设战略目标和长中短期经济社会发展规划，对既有人才培养开发规划及政策适时进行相应调整①。

二是制定合理的专业人才开发定位政策。对中西部各地区各行业人才的实际需求进行深入调研，梳理出“两型社会”建设的专业人才需求结构及其发展趋势，并因应专业人才需求结构及其发展趋势，制定合理的专业人才开发定位政策，适时调整学科专业结构及其人才培养规模，改革传统学科专业对人才培养的方法及模式，开发出与“两型社会”建设紧密相关的新型环保节能、新材料、生物制药、创意文化、物流运输、社会管理等重点领域的专业人才。

---

① 罗梅健，宋本江．“两型社会”背景下长株潭人才开发的重点与对策［J］．人口与经济，2011（1）：46-50.

三是制定各级党政人才的教育培训计划及政策。除从全日制专业培养中遴选产生党政人才，完善领导干部的教育、培养、选拔和任用体制外，还要加大党政人才的培养力度，造就出能在中西部地区“两型社会”建设进程中发挥带头和表率作用、有效参与中西部地区“两型社会”专业人才开发建设的各地区各级党政人才。要针对各级党政人才制定思想政治教育培训计划及政策，通过中国特色社会主义理论体系和新时期党的路线、方针、政策等内容的学习，加强各级党政人才对适时改革、稳定发展、把握大局意识和“两型社会”建设自觉性、主动性和积极性的培养，提高各级党政人才处理改革、发展与稳定、资源环境关系的能力以及协调“两型社会”建设与经济建设等关系的能力；针对各级党政人才制定相应的专题知识培训计划及政策，通过合作培训、国内外学习交流等途径，分层次地开展科技、教育、卫生、经济、节能环保、区域规划等专题知识培训，更新、完善他们现有的知识体系，提高他们在“两型社会”建设中的创造力；针对不同地区不同部门的党政人才制定相应的轮岗交流计划及政策，加大轮岗交流力度，通过不同岗位的锻炼和积累，丰富“两型社会”建设的感性体验，提高“两型社会”建设的理性认识和实践能力。

（三）完善“两型社会”紧缺人才的引进政策

完善“两型社会”紧缺的人才引进政策，我们要做到以下几点：第一，要明确中西部地区“两型社会”中紧缺人才需求的类型，定期向国内外发布需求信息，提高人才引进的针对性。在中西部地区大中城市的相关产业园区，重点引进“两型社会”的高技术产业、环保节能产业、新材料等领域的高层次人才。鼓励用人单位以岗位聘用、项目聘用、项目合作等方式引进需求紧缺型人才。第二，必须完善人才引进优惠政策，解决好引进人才所关注的定岗定编、子女上学、住房补贴、科研启动经费、工作环境和条件等问题。发挥用人单位的主体作用，用人单位的人才引进费用可列入成本核算；制订重点人才引进计划，设立高层次人才引进专项资金。第三，建立人才引进的“绿色通道”制度。成立由相关部门组成的高层次创新创业人才引进协调机构，由政府部门、行业协会组织实施征集引才需求、发布对接、申报推荐、审核资助等活动，为引进人才提供“一站式”和“一卡通”式的服务[①]。第四，建立中西部地区特聘专家制度、科技特派员制度、科研志愿者制度，选派优秀专业技术人才对口支教、支医、支农、支企。可采取挂职锻炼等有效的手段，通过鼓励政策，吸引包括大学毕业生、研究生在内的各类人才到中西部地区工作。建立边远地区岗位津贴，努力提高人才的生活待遇，营造人才充分发挥作用的宽松环境。

（四）健全市场化人才流动配置体系

健全市场化人才流动配置体系，要利用好国家对中西部地区“两型社会”建设综合配套改革试验区的政策扶持及其辐射推广的契机，敢于尝试市场化改革，打破以往体制下我国人才资源流动配置中的困境。在市场经济体制下，我们要做到人才资源流动配置中的双向平等关系，尊重人才的自主选择。充分发挥价格机制、竞争机制、供求机制和激励机制在人才资源流动配置中的决定作用，主要体现在以下几点：第一，建立人才资本所有权及价格公开制度。在市场体制下，人才价格的波动会对人才的流动配置起到一定的干扰作用。所以要建立专门的人才资料库，并按层次进行分类。对人才的市场价格和相关信息要做到公开化、透明化、信息化，更好地服务于人才流动。第二，推动人才制度的市场化进程。在机关及企事业单位全面实行全员聘任制，人才价格对外公开，按照实际需求设立岗位，岗位聘用遵循公平、公开、公正原则，做到岗位配置合理。第三，构建完善的人才市场体系。对现有政府机关及社会劳动力市场、就业市场等人才资源市场进行合理的结构布局，推动区域人才市场一体化建设进程，建立区域人才服务机构；降低市场进入标准，引入国内外经验丰富的中介公司，促进各类人才市场的相互交流学习，实现资源共享，打造功能齐全、布局合理、信息完整、服务到位、统一管理的“两型社会”人才市场体系，为人才流动配置体系奠定基础[②]。

---

① 湖南省“十一五”人才发展规划［EB/OL］. http：//www. e - gov. org. cn/ziliaoku/zhengfuguihua/200801/83817. html，2008-01-29.

② 王海文. 积极推进两型社会的人才制度建设［J］. 理论学习，2012（3）：55.

（五）加强政府的宏观引导和服务

“两型社会”人才市场体系目前仍处于起步阶段，自身缺陷突出。为了保证“两型社会”教育政策能够在中西部地区实施，我们需要政府的引导和服务。第一，政府应及时制定各种政策，引导人才向“两型社会”发展需要的地区和领域流动，避免出现部分地区人才短缺和过度聚集的极端现象。由于“两型社会”建设过程中产业结构会按照市场化进程不断调整，人才需求的状况往往是不稳定的，经常会出现某种人才“突发性”短缺或过剩的现象，而且人才市场的滞后性，又无法得到及时解决，所以需要政府对人才流动进行引导，调节人才余缺，实现人才市场供求状态的平衡。尤其是向那些“两型社会”建设需要的领域配置人才，充分发挥好政府的引导职能。第二，政府部门应针对人才使用上的门槛限制，采取相对应的解决措施，消除户籍、工资等体制性障碍，避免人才竞争中的不规范行为，确保人才的正当竞争。在定编定岗、子女上学、住房补贴等环节，政策上可以给予通融，实现市场体制下党政机关和企事业单位的人才流动意愿，为人才营造一个良好的外部环境。第三，“两型社会”综合配套改革试验区应当率先在国内完成与国外接轨的人才社会保障体系，实现人才身份的社会转变。政府要起到带头作用，采取合理有效的措施，将人才的社会保障制度推广到现有的各地区各行业，将人才的社保、就业福利保障等由所在单位交给社会统一安排管理，住房、医疗卫生、养老、保险等实现社会化，人才的流动配置不再受到一系列的障碍限制，不用担心因流动可能会带来社会保障和工资福利的损失，实现在全国人才市场的自由合理流动①。第四，政府相关部门应建立区域性人才信息资料库，为“两型社会”人才政策的实施提供更好的服务。根据“两型社会”社会发展中所需的人才类别，对人才的知识、能力、素质等方面做出数据的统计归纳，并定期将人才信息对外进行公开。最后，政府主管部门应该重点关注目前我国人才安全问题，随时掌握人才安全的整体情形，分析存在的隐患与潜在风险，制定政策时可以作为参

---

① 王海文．积极推进两型社会的人才制度建设［J］．理论学习，2012（3）：55-56.

考依据。

以合肥高新区为例，自其建立以来，就一直致力于人才创业配套政策的不断完善，高层次人才来高新区创业可获得房租减免、个人所得税优惠以及住房、子女入学等多项优惠政策，国家“千人计划”及安徽省“百人计划”人才创业的，分别奖励创办企业100万元和50万元。高新区还以中国科学技术大学先进技术研究院、合肥工业大学智能制造研究院等为主要载体，推进产学研合作；探索孵化器组织模式，完善各类创新创业载体，培养科技领军人才，着力打造规模宏大、结构合理、素质优良的创新型科技人才队伍。近年来，该高新区共引进海外高层次人才300余人，引进海归创业团队100多个，引进外国专家100余人，占全市引进海外人才总量的70%。全区有11人获国家“千人计划”，7人获安徽省“百人计划”。千人从业人员拥有直接科技活动人数280人，在国家级高新区中排名第一。该高新区除建有全省科技创新成果展示中心、安徽股权托管交易中心、微电子测试平台、动漫渲染平台等一批公共技术平台之外，还吸引中国技术成果交易所、华安证券等高水平中介机构陆续入驻，建有科技金融、技术转移、科技咨询、专利代理等科技中介机构270家，为区域创新能力的提升提供较为完备的专业服务和支撑。目前在高新区注册的风投机构12家，总规模达67亿元，其中，该高新区管委会直属企业高新集团参与发起设立4支创业投资基金，基金总规模为13.18亿元。该高新区还有全省首家政府出资的天使投资基金3 000万元，定向支持高新区内种子期、初创期创新型项目。产业与金融资本对接，有效解决了园区企业资金和进入资本市场的难题①，充分体现了政府的引导和服务职能。

① 合肥西南将筑起科技新城［EB/OL］. http：//www.hfsr.gov.cn/n1070/n304559/n311446/n28292733/n28293173/n28293674/31559419.html，2013-11-29.

第七章　支撑中西部地区“两型社会”建设战略的消费政策

市场经济理论认为，消费者主权是市场经济最重要的原则。消费者主权是指在市场经济中消费者的意志成为生产者组织生产、提供产品与服务的根据。这种消费者在市场经济中占统治地位的经济关系，可以促使社会资源得到充分合理的利用，从而使全社会消费者的福利需求得到最大程度的满足。我国社会经济发展的最终目的是人民幸福，而人民的幸福指数往往与其消费过程和生活质量联系在一起。因此，要构建“两型社会”，应首先构建“两型社会”的消费模式，引导消费者的消费习惯、消费水平、消费方式、消费结构向“两型”化方向发展，并通过消费引领生产，最大限度地提高人民的幸福指数。本章在分析“两型消费”政策及其在中西部地区的执行效果基础上，结合“两型社会”消费模式及其内在要求，就如何完善我国中西部地区“两型消费”政策提出相应的建议。

第一节　现行“两型消费”政策及其在中西部地区的执行效果分析

现行“两型消费”政策及其在中西部地区的执行效果是进一步完善我国中西部地区“两型消费”政策的基础和靶标，因此需首先对其进行深入分析。

一、现行“两型消费”政策的归类梳理

“两型消费”的理念强调的是一种动态平衡，平衡消费环节与资源环境之间的关系，同时体现了人与自然相互协调的观念，这样的观念大大促进了人与自然的和谐发展。按照“两型社会”的要求，应该提倡资源节约型、环境友好型的“两型消费”理念，协调好政府、企业和个人的

利益。虽然我国“两型消费”起步较晚，居民“两型消费”意识还有待进一步强化，但政府已制定了一些促进“两型消费”的政策和制度，主要包括以下几个方面：

（一）环境产品认证制度

绿色食品认证是我国环境标志制度的开端。我国农业部于1989年开始绿色食品的认证工作；随后于1993年10月正式推广环境标志制度；1998年，将自愿性的保证标识项目纳入实施体系。绿色食品认证、绿色体系认证（ISO 14001）、环境标志产品认证（ISO 14040）以及绿色选择认证（ISO 14022）构成了我国的绿色认证制定体系。

从20世纪90年代开始，国内相继推出了“中国十环环境标志”“中环节能节水标志”“CQC质量环保标志”等绿色标志。“中国十环环境标志”是原国家环保局于1993年8月正式颁布的绿色标志图形，1994年5月“中国环境标志产品认证委员会”正式成立，为“中国十环环境标志”产品认证提供了组织保证。同年，《中国环境标志产品认证委员会章程（试行）》《中国环境标志产品认证书和环境标志使用管理规定（试行）》《环境标志产品认证管理办法（试行）》《环境标志产品种类建议》《中国环境标志产品认证收费实施细则》等一系列文件的出台，为规范有序地开展环境产品认证提供了制度保证。1998年，我国依据《中华人民共和国节约能源法》建立了中国节能产品认证制度，成立了中国节能产品认证管理委员会和中国节能产品认证中心（后发展为中标认证中心，现已并入中国质量认证中心），颁布了《中国节能产品认证管理办法》和中国节能认证标志，正式启动了我国的节能产品认证工作①。

CQC质量环保标志认证是中国质量认证中心开展的自愿性产品认证业务之一，以施加CQC标志的方式表明产品符合相关的质量、安全、性能、电磁兼容等认证要求，认证范围涉及机械设备、电力设备、纺织品、建材等行业的产品。国家发改委、国家认监委、国家质检总局、国家标准管理委员会和建设部于2003年12月联合启动了中国环保产品认证，

① 余子英，朱培武，蒋建，等．我国绿色认证的现状及对策建议［J］．产业与科技论坛，2011（12）：23-24.

后续推动文件包括《财政部、国家发展改革委关于印发"合同能源管理财政奖励资金管理暂行办法"的通知》（财建〔2010〕249 号）和《财政部办公厅、国家发展改革委办公厅关于合同能源管理财政奖励资金需求及节能服务公司审核备案有关事项的通知》。2004 年 8 月，国家发展和改革委员会组织建立了能效标识制度，主要在工业和建筑业领域采用。能效标识制度的颁布实施，对于我国第二产业与国际水平有效接轨、提高国际竞争力、克服绿色贸易壁垒和加强节能减排都具有重要作用。2007 年 9 月，国家环境保护总局颁布了《环境标志产品技术要求——生态住宅（区）》，表明我国环境标志产品的认证拓展到了建筑产品领域。2009 年 2 月第十一届全国人民代表大会常务委员会第七次会议通过了《中华人民共和国食品安全法》，为我国推行绿色食品、有机食品认证提供了法律依据。2009 年 11 月，国家环境保护部责成所属认证中心进行我国低碳产品认证的研究与试点，着力开始我国低碳产品认证经验的探索。2010 年，在全球积极应对气候变化的大背景下，国家环境保护部推出了中国环境标志低碳产品认证并发布了家用制冷器具、家用电动洗衣机、多功能复印设备和数字一体化速印机等首批四项中国环境标志低碳标准，将"低碳"与"环保"要求有机结合，以产品为链条，吸引生产和消费环节的公众参与到应对气候变化上来，产生了积极影响；2011 年国务院正式批复《重金属污染综合防治"十二五"规划》，包括化学原料及其制成品在内的五大行业 4 452 家企业被纳入重点监控，为从源头上保证粮食安全、有效控制土壤污染，北京中化联合认证公司联合国家化肥质检中心（上海）等推出了农用化学品环保产品认证制度，对肥料产品生产从原料选购、生产过程和运输储存等环节的有害物质含量进行全生命周期的控制和监督。2012 年，国家认监委修订了 2005 年 6 月发布的《有机产品认证实施规则》，同时出台了《有机产品认证目录》新版实施细则，并开通启用"国家有机产品认证标志备案管理系统"，进一步规范了有机产品认证活动，完善了有机产品认证制度，使我国有机产业步入健康发展的轨道[①]。2013 年为落实国家"十二五"规划纲要的要求，国家发展

① 董恒年．我国环境标志制度与产品发展现状研究［J］．环境与可持续发展，2011（4）：36-40.

和改革委员会、国家认监委联合下发《低碳产品认证管理暂行办法》（〔2013〕279号，以下简称《办法》）。《办法》指出，国家建立统一的低碳产品认证制度，明确了认证机构与人员资质、认证的实施、认证证书和认证标志以及监督管理等内容，并指出国家将组建低碳认证技术委员会。根据该《办法》，低碳产品认证将针对不同的产品采取不同的认证模式，具体的认证模式将在后续的低碳产品认证技术范围、低碳产品认证规则等支撑细则中予以明确。该政策的出台，有利于促进我国加快形成绿色低碳消费的产品环境和市场环境，并将有效带动节能减排工作，促进“两型社会”的建设。

（二）政府绿色采购制度

政府绿色采购既是绿色消费的重要环节，也是宏观调控的一种手段。政府绿色采购行为可以对供应商产生积极的影响，供应商会通过提高管理、技术、装备水平来积极承担企业应尽的节约资源、保护环境等社会责任。2003年，我国颁布的《中华人民共和国政府采购法》就强调政府要采购有利于环境保护的产品；2004年，国家发展和改革委员会、财政部颁布《节能产品政府采购实施意见》，并下发政府采购节能产品的清单；2005年，国务院出台《关于落实科学发展观加强环境保护的决定》，倡导消费者选择环境友好的消费模式，采用政府绿色采购、环境标识等制度；2006年，国家环境保护总局发布的《环境标志产品政府采购实施意见》中公布了带有环境标志的政府采购产品清单；2011年，财政部、国家发展改革委、环境保护部发布《关于调整公布第十一期节能产品政府采购清单的通知》和《关于调整公布第九期环境标志产品政府采购清单的通知》，并随通知下发了第十一期节能产品政府采购清单及第九期环境标志产品政府采购清单；2013年财政部、环境保护部又发布通知，对既往环境标志产品政府采购清单及节能产品政府采购清单进行了调整。这些表明，我国的政府绿色采购制度处于不断地调整和完善之中，它对我国包括中西部地区的“两型消费”将起到政策杠杆的作用，因此可以视之为“两型消费”政策。

（三）以旧换新政策

以旧换新政策是在国务院推动下，相关部门共同研究，于2009年5

月出台的对汽车和家电的以旧换新进行财政补贴的政策。根据政策规定，家电以旧换新补贴包括国家补贴、旧家电折旧费和补偿费三部分。补贴款由国家让利给消费者，一般占新购家电销售价的10%，但设有上限，当时补贴金额上限为：电视机400元/台；洗衣机250元/台；电脑400元/台；空调350元/台；冰箱（含冰柜）300元/台。旧家电折旧费由折旧企业给消费者支付，以彩电为例，每台10~35元不等。补偿费由国家付给回收废旧家电企业，每拆解一台废旧彩电国家补贴15元，以此奖励拆解公司销毁旧家电[①]。该政策不仅有利于提高汽车、家电能效水平，减少环境污染，促进节能减排，而且可以充分有效地利用资源，将汽车、家电中大量的钢铁、有色金属、塑料、橡胶等加以回收，进行资源化利用，促进循环经济发展。以旧换新政策已于2011年12月全面结束。不过国务院常务会议于2012年5月通过了《国家基本公共服务体系“十二五”规划》，提出了促进节能家电等产品消费的政策措施，决定安排财政补贴265亿元支持为期一年的符合节能标准的空调、平板电脑、电冰箱、洗衣机和热水器的推广；安排22亿元支持节能灯和LED灯的推广；安排60亿元支持1.6升及以下排量节能汽车的推广；安排16亿元支持高效电机的推广[②]。该项消费政策是以旧换新政策的延续，它既能稳定增长、扩大内需，又能促进调整消费结构、节能减排。

（四）“三绿工程”

1999年，商务部会同中宣部、科技部、财政部、国家环保总局、交通运输部、铁道部、卫生部、工商总局、食品药品监管局、国家认监委、国家标准委和全国供销总社等13个部门启动以“提倡绿色消费、培育绿色市场、开辟绿色通道”为主题的“三绿工程”[③]。该工程的主要任务包括：“推广绿色低碳采购”“培育绿色低碳市场”“打造绿色低碳供应链”“引导绿色低碳消费”。在绿色采购方面，重点是支持批零企业扩大采购低碳标识、绿色标识、有机标识、环境标识、地理标识、二级以上节能

---

① 丁亚鹏．取消补贴，谁来回收废旧家电［N］．新华日报，2011-09-14.

② 国务院常务会议研究确定促进节能家电等产品消费的政策措施［N］．决策导刊，2012（7）：9.

③ 梁辉煌．两型社会背景下我国绿色消费模式的构建［J］．消费导刊，2008（18）：31.

标识和驰名商标等商品。在培育绿色低碳市场方面，重点是“提高试点企业参与绿色低碳市场认证的积极性，支持试点企业开展绿色低碳营销”。在打造绿色低碳供应链方面，重点是“支持试点企业与绿色低碳商品生产企业对接”。在引导绿色低碳消费方式方面，重点是引导社会公众形成绿色低碳的消费习惯与价值取向①。从本质看，“三绿工程”也是我国出台的一项“两型消费”政策。“三绿工程”的实施为两型社会的发展起到重要的促进作用。

二、现行“两型消费”政策的涵盖缺陷与功能缺陷

（一）现行“两型消费”政策的涵盖缺陷

1. 多层次法律法规框架体系尚未建立

制定“两型消费”的相关法律法规是十分必要的。通过实施有关绿色消费的法律法规，在绿色产品的生产销售环节以及产品回收环节等各层面展开，发挥全方位法律监管作用，可有效利用法律准则来协调个体消费者、政府部门与企业部门三方利益的一致性，明确在消费过程中三方的权利与义务。另外还可利用环境行政指令等综合手段来促进“两型消费”。如日本通过制定实施《建筑及材料回收法》《促进容器与包装分类回收法》《食品回收法》《家用电器回收法》《绿色采购法》等一系列法案，推动社会形成绿色消费模式②。我国及中西部地区在这些方面尚有较大拓展空间。

2. 绿色标志制度尚未健全

绿色标志制度是完善“两型消费”构建的一个重要途径。与世界上发达国家相比，我国应全面推行 ISO 14000 质量认证，其认证可有效地提高消费者分辨绿色产品的能力，从而避免消费者因信息不对称而购买非绿色产品，减少了盲目性和对环境产生危害的担忧。另外，我国还可积极推行 ISO 14000 绿色标志认证，其认证主要能让我国绿色产品在世界贸

---

① 关于开展三绿工程试点工作的指导意见［EB/OL］. www. finance. china. com. cn/roll/20121101/1109613. shtml，2012-11-01.

② 袁志彬. 中国绿色消费的主要领域和对策探索［J］. 消费经济，2012（3）：8-11.

易市场获得认可，回避绿色贸易壁垒，通过国际竞争加快绿色产业的发展。最后，我国还要借鉴发达国家的绿色消费相关制度，取其精华去其糟粕，将有用的制度引入我国，从而健全我国的绿色产品认证和市场准入制度。诸如碳足迹标志和碳等级标志等代表较高认证水平和发展方向的制度，我国尚处于研发阶段，还谈不上真正建立和推行。总体上看，我国绿色标志制度还有待在覆盖面等方面进一步予以健全。中西部地区则缺少对应国家既有绿色标志制度的契合自身实际的实施细则。

3. 绿色税制尚不完善

绿色税制可以有效地减免生产绿色产品企业的税费，降低企业的生产成本，从而推动绿色消费行业的发展。另外推行绿色税制能对更多非绿色产品征收高额环境税，即生态税（Ecological Taxation）、绿色税（Green Tax），它是把环境污染的社会成本内化到成本和价格中去，再利用市场机制来分配环境资源的一种经济手段，借此遏制企业与个人污染环境、伤害自然的行为，从而缩小非绿色产品和绿色产品之间的价格差，使消费者更多地选择绿色产品。从目前相关的税制实施效果以及市场情况来看，我国包括中西部地区尚未建立完善的绿色税制，需在这方面下功夫。

（二）现行“两型消费”政策的功能缺陷

目前中国存在着许多不合理的消费方式，比如过度消费、时髦消费、攀比消费等。这些消费方式不仅对资源的浪费极大，也使环境遭到破坏、生态恶化。这正是我国在全面推行“两型消费”政策中所存在的问题的体现。

1. 绿色、低碳、节约的消费观尚未深入人心

社会公众应树立真正的“两型消费”价值观，禁止以浪费资源、污染和破坏生态环境为代价谋取非法利益。调查发现，2009 年全国破坏野生动植物资源的案件高达 17 万多起；违法征用草原、违规采集草原野生植物等违法案件也达到了 2 700 多起[①]。能耗污染大的奢侈 SUV 跑车在中国销售火

① 2009 年中国国土绿化状况公报发布［EB/OL］. http：//www. legaldaily. com. cn/index/content/2010-03/11/content_ 2080308. htm？ node=20908，2010-03-11.

爆，与在公众环保意识强的发达国家遇冷的情况形成鲜明对照；逢年过节、庆典活动时烟花爆竹燃放难禁难止，造成严重的空气和噪声污染。这些屡禁不止的违法犯罪事件和不良消费习惯表明，以过度耗费自然资源、牺牲生态环境为代价谋取私利、追求享乐等消费方式仍有相当大的的市场，而绿色、低碳、节约、生态型消费价值观尚未成为社会风尚。

2014 年 2 月国家环境保护部向媒体公布我国首份《全国生态文明意识调查研究报告》。该研究报告显示：我国公众生态文明意识呈现“认同度高、知晓度低、践行度不够”的状态，公众对生态文明建设认同度、知晓度、践行度分别为 74.8%、48.2% 和 60.1%；公众对建设生态文明与“美丽中国”的战略目标高度认同，78% 的被调查者认为建设“美丽中国”是每个人的事，99.5% 的人选择了高度关注、积极参与；公众生态文明意识具有较强的“政府依赖”特征，被调查者普遍认为政府和环保部门是生态文明建设的责任主体。调查还发现，经济与文化水平对生态文明意识的影响较大。东部地区的知晓度、践行度高于中西部地区，但认同度不如中西部地区；被调查者文化程度越高，知晓度越高，但认同度、践行度却不高；城市居民的生态文明意识明显高于农民。调查同时反映出，被调查者普遍对当前生态环境状况表示高度担忧，对雾霾、饮用水安全、重金属污染等问题最为关注①。可见，要使绿色、低碳、节约的消费观深入人心，尚需在全社会尤其是作为我国生态安全屏障的中西部地区倡导“两型消费”的意识与行动。

2. 政府有关部门的示范作用尚未充分发挥

政府作为公共环境资源保护的代理人，其“两型消费”职能作用的发挥至关重要。虽然党中央、国务院要求党政部门率先垂范，实施绿色、低碳、节约的消费，主动承担起保护环境的社会责任，但公务部门绿色消费的社会示范效应仍未充分发挥作用，一些领导干部的节约、环保消费意识比较淡薄，浪费资源现象较为突出。在我国高昂的行政管理费用

① 冯永锋．认同度高　知晓度低　践行度不够［N］．光明日报，2014-02-23；首份《全国生态文明意识调查研究报告》发布［EB/OL］．http：//news.xinhuanet.com/politics/2014-02/21/c_126168896.htm，2014-02-21.

背后存在着惊人的浪费现象：公务用车浪费、公款吃喝浪费、公费出国浪费、豪华办公大楼浪费、政府会议浪费、能源资源消耗浪费和政绩工程浪费[①]。有鉴于此，2013 年1 月国务院印发的《循环经济发展战略及近期行动计划》（国发〔2013〕5 号）进一步明确规定，政府机关要在节能、节水、节纸、节粮等方面率先垂范，切实建设节约型政府。强化政府绿色采购制度，严格执行强制或优先采购节能、环境标志产品制度，提高政府采购中再生产品和再制造产品的比重。政府机关食堂要完善用餐收费制度，健全公务接待用餐管理制度，避免政府机关食堂、公务接待用餐浪费[②]。同时改革政绩考核机制，杜绝政绩工程浪费。这样，充分发挥政府有关部门的示范作用，推动绿色、低碳、节约的消费观在全社会的践行，引领“两型消费”。

3. 有效供给的绿色消费市场尚未建立

消费方式转型的重要保证是以绿色、低碳产品的有效供给为前提，绿色产品的价格过高是绿色产品有效供给不足的重要原因。比如，大多数消费者因为节能灯的价格高而不愿购买节能灯。又如一款节能水龙头，与传统水龙头相比平均节水 40% ~80%，但因该种水龙头价格比普通水龙头高出不少，因此在市场上销售情况不佳[③]。由于节能环保产品的价格高于甚至大大高于非节能环保产品，降低了其在市场上的占有率，因而绿色消费市场有效供给出现不足。

三、现行“两型消费”政策在中西部地区的执行效果分析

我国现行的“两型消费”政策主要有：环境产品认证制度、政府绿色采购、以旧换新以及“三绿工程”等，这里我们主要分析现行“两型消费”政策在中西部地区的执行效果。

---

① 范柏乃，班鹏．政府浪费与治理对策研究［J］．浙江大学学报（人文社会科学版），2008（6）：49.

② 国务院关于印发循环经济发展战略及近期行动计划的通知［EB/OL］．http：//www. gov. cn/zwgk/2013-02/05/content_ 2327562. htm，2013-02-05.

③ 尹向东，刘敏．加速构建资源节约型、环境友好型消费方式［J］．消费经济，2012（1）：12-14.

（一）现行环境产品认证制度在中西部地区执行效果分析

随着我国各种环境产品认证制度的陆续出台，环境产品认证工作已初见成效，截至2010年，我国已有2 500多家企业，31 200多种型号产品通过了中国环境标志认证[①]。而且企业通过环境产品认证，建立和实施环境管理体系，在不同程度上节约了资源能源，也有利于构建环境友好型社会。我国中西部地区在环境产品认证方面也有了较大的发展，其中甘肃省于2002年率先在国内开展清洁发展机制工作，先后承担并实施了亚洲开发银行，中国—加拿大、国家“十一五”科技支撑计划等116个项目，合计减排量达到1 543吨，在联合国气候变化清洁发展机制执行理事会注册46个项目，减排量达到617万吨，获得国际减排资金收益1.071亿元。2010年，新疆维吾尔自治区温宿塔咖克水电站项目、贵州翁元20 MW水电项目、贵州沙坝30 MW水电项目、四川曹营小水电项目、贵州加平5 MW、平中4.4 MW水电项目相继在清洁发展机制（CDM）核查中获得通过，经核证直接签发的减排量（CERs）329 049吨，极大地促进了我国中西部地区“两型社会”的建设。但是我国中西部地区目前鲜有进行基于全生命周期评价基础上的环境声明（即III型环境标志）认证的产品。这与“两型社会”建设对环保产业发展的要求，同企业改善自己产品的环境行为、消费者选择绿色产品的强烈愿望无疑还存在很大差距，同国际环境标志产品认可体系的多样化发展状况也不相适应。总体而言，我国中西部地区的环境产品认证在产品界定、产品标准制定等方面还需要学习和借鉴“能源之星”[②]这一类较为成熟的认证体系。

（二）现行政府绿色采购制度在中西部地区执行效果分析

政府绿色采购制度的建立，体现了政府倡导绿色消费行为的示范作用，对于强化全社会的“两型”意识、推动“两型企业”的发展、引导

① 余子英，朱培武，蒋建平，等．我国绿色认证的现状及对策建议［J］．产业与科技论坛，2011（6）30.

② 能源之星（EnergyStar）是美国能源部与环保署共同推行的一项政府计划，旨在更好地保护生存环境，节约能源。

公众的“两型”消费具有积极的推动作用。从2003年《中华人民共和国政府采购法》正式出台，到《节能产品政府采购清单》《环境标志产品政府采购清单》的推出和调整更新，彰显出我国政府一直在积极发挥绿色采购政策的功能作用。在实施绿色采购过程中还对一些产品提出了强制采购的要求，这充分体现了我国的绿色采购政策在不断地完善。近些年来，我国政府绿色采购的实施取得了较大进展。比如2008年北京奥运会将绿色环保建筑材料纳入奥运会设施建设中，北京奥组委规定了每类采购产品的环境要求；在广州举办的九运会明确要求使用通过环境标志认证的涂料对全市建筑进行粉刷。地方政府也制定了相应的政府绿色采购法规，如贵阳市政府以法律形式保障政府绿色采购，青岛、深圳、厦门等一些城市也普遍制定因地制宜的政府绿色采购法规[①]。从环境标志产品政府采购实施的总体情况看，在2006年首批环境标志产品政府采购清单公布到2011年的6年期间，财政部联合有关部门将节能产品清单扩大到30种，496家企业的14 423个产品型号/系列榜上有名，将环境标志产品从14类2 823种增加到21类6 876种[②]。这促使政府绿色采购的规模及其在政府采购总量中的比重不断攀升（见表7-1所列）。

表7-1　2006—2011年我国政府节能、环境标志产品采购规模及在政府采购总量中的比重

年　份	2006	2007	2008	2009	2010	2011
节能、环境标志产品采购规模（亿元）	126.4	164.5	303.1	342.1	487.5	1 643.21
政府采购总体规模（亿元）	3 681.6	4 660.9	5 990.9	7 413.2	8 422.4	11 332.5
节能、环境标志产品占当年政府采购总量的比重（%）	3.4	3.5	5.1	4.6	5.8	14.5

数据来源：历年《全国政府采购信息统计》。

从表7-1中可以看出，2006—2011年6年间，政府对节能环保产品

---

① 梁辉煌．两型社会背景下我国绿色消费模式的构建［J］．消费导刊，2008（18）：30-31.

② 李丹．关于我国政府绿色采购问题研究［D］．北京：首都经济贸易大学，2012.

的采购规模不断增加，采购种类也在上升。2011 年，全国节能、环境标志产品的采购规模为1 643.21 亿元，占全国政府采购总体规模的14.5%，但仍处于较低的水平，说明我国政府绿色采购还有很大的发展空间，扩大绿色采购规模是我国政府绿色采购所要解决的较大的问题。

中西部地区近几年因应“两型社会”建设的需要，积极贯彻国家颁布的《节能产品政府采购清单》和《环境标志产品政府采购清单》，政府节能、环境标志产品采购规模不断上升，在全国政府绿色采购规模中所占的比例也有所增加，但是中西部地区节能、环境标志产品占政府采购规模的比率仍处于较低水平。从总体上看，我国中西部地区政府绿色采购的操作细则有待健全，本地区的环境标志产品认证工作有待加强，节能、环境标志产品的种类有待扩大；管理机构权责有待进一步明确；执行和监督部门的重叠状况有待改革；采购人员节能环保意识和对绿色采购方法的掌握有待进一步提高；采购监测和后评估工作有待加强。

（三）现行以旧换新政策在中西部地区执行效果分析

以旧换新政策，在提高汽车、家电能效水平，减少环境污染、废弃物的循环利用方面起到较好的促进作用。根据商务部公布的以旧换新数据，截至2011 年12 月30 日，全国家电以旧换新共销售五大类新家电8 130万台，拉动直接消费3 004 亿元。共回收五大类废家电8 373 万台，拆解处理6 621 万台，回收利用废家电中的钢铁、有色金属、塑料等资源约97 万吨①。结合2009 年城镇家庭的家电保有量水平进行测算更新换代需求不难发现，未来更新换代的需求潜力空间很大，人们更新需求将成为未来家电销售的主力军，数据情况见表7－2 所列。

表7－2　家电更新换代需求的潜力空间

	洗衣机	电冰箱	空调器	彩色电视机	合计
每百户保有量（台/百户）	96	95	107	136	
城镇户数（万户）	21 518	21 518	21 518	21 518	

① 孙学明．消费者抢搭家电以旧换新末班车［N］．国际商报，2011-12-26.

（续表）

	洗衣机	电冰箱	空调器	彩色电视机	合计
保有量存量（万台）	20 657	20 442	23 024	29 264	
使用年限（年）	8	12	10	10	
每年更新量（万台）	2582	1710	2299	2919	9510
日更新量（万台）	7	5	6	8	26

数据来源：中国国家统计局，兴业证券研究所，2011-05-08。

以旧换新政策在中西部地区也取得了较好的执行效果，以山西省为例，自2010年7月至2011年12月实施家电以旧换新政策，仅一年半的时间，就累计带动全省电视、冰箱等五类新家电销售60.2万台，销售额24.84亿元；家电以旧换新已补贴51.21万台，居民直接享受补贴金额1.56亿元。全省家电以旧换新累计回收旧家电60.62万台，送交拆解46.94万台，已拆解19.89万台，减轻了环境污染，降低了家电消费能耗。与此同时，山西省高端、低耗能家电品种销售幅度提升，带动了家电生产结构的调整升级[①]。这说明“两型消费”政策只要符合社会公众的利益，得到社会公众的认同，就能行之有效。

（四）现行“三绿工程”政策在中西部地区执行效果分析

“三绿工程”自1999年开始实施至2009年，就取得了明显成效：制定发布了《流通领域食品安全管理办法》及相关法规标准100多个，地方法规标准800多个；培育绿色市场试点、示范单位4 000多家，通过绿色市场认证的276家，覆盖整个中国内地；开辟全国性绿色通道37条，绵延8.3万公里，提高了流通效率；通过实施优先通行、减免关卡收费等“绿色通道”政策，降低了农产品流通成本。通过“三绿工程”宣传月等活动，广泛宣传食品安全知识，明显增强了城乡居民的安全消费意识，增强了消费信心；推动农产品“从农田到餐桌”全过程质量控制，建立了一批绿色生产基地，丰富了农产品供应链[②]。“三绿工程”在中西

① 谢昌民，通讯员，高鹏．以旧换新拉动我省家电消费25亿元［N］．山西日报，2012-01-23.

② 李树峰．扩展绿色消费活动全国铺开［N］．中国食品报，2009-08-05.

部地区也取得了新的进展，以安徽省合肥市为例，2002 年 3 月，国家“三绿工程”办公室正式批准“合肥市三绿工程综合试点工作实施方案”，合肥市各项工作积极有序地进行。如以抓好无公害蔬菜为突破口，大力实施“放心菜”工程，合肥市已建设 10 个标准化无公害示范基地，分别是肥东县 2 814 无公害水产基地、肥东县长临无公害蔬菜地、肥东县清平无公害葡萄基地、长丰县无公害草莓基地、长丰县三宝无公害生猪养殖基地、包河区大圩乡无公害果菜基地、庐阳区三十岗乡无公害瓜菜基地、瑶海区磨店乡无公害蔬菜基地、蜀山区井岗镇无公害奶牛养殖基地[①]。“三绿工程”切合了社会公众在生活上从过去“盼温饱”“求生存”到现在“盼环保”“求生态”的消费诉求，值得进一步拓展推行。

第二节 现有“两型社会”消费模式及其要求

当代社会，伴随可持续发展、绿色发展、低碳发展、生态发展等战略思想的提出和人们享有高品质生活的诉求，出现了诸多与“两型社会”建设相关的消费模式。这些消费模式从不同层面反映了消费的发展趋势，它对于面向“两型社会”建设的政策的完善，具有重要的启发作用。

一、现有“两型社会”消费模式的梳理

现有与“两型社会”建设相关的消费模式归纳起来主要有六种：资源节约型消费模式、环境友好型消费模式、可持续消费模式、循环消费模式、低碳消费模式和绿色消费模式。

（一）资源节约型消费模式

资源节约型消费模式是一种在正确认识人类消费活动与资源消耗、社会发展的辩证关系的基础上，兼顾资源低消耗和生活高品质的消费行为方式。其核心在于尽可能以资源上低消耗获取人们生活上高品质。它要求人们摒弃奢侈型、浪费型消费模式，树立适度消费、理性消费的观

① 合肥市三绿工程正积极推进［EB/OL］. http：//www. anhuinews. com/history/system/2003/11/30/000590916. shtml，2003-11-30.

念，形成节俭、科学的行为习惯，崇尚资源节约型产品的生产和消费，切实保护和合理利用各种资源，保障自然资源的可持续性和人类社会的永续发展。它具有以下特征：资源节约型消费品成为主要的消费对象；消费主体以理制欲，远离铺张浪费；消费结构的改变既有利于自然资源的有效利用，又能促进人们生活品质的提高。广而言之，资源节约型消费模式还包括节水、节电、节地等社会建设模式。

（二）环境友好型消费模式

环境友好型消费模式是一种基于人与自然和睦相处的理念，以友好、亲近、和谐的态度对待自然环境，提倡使用环境友好产品与服务的消费行为方式。它要求人们抑制无限膨胀的消费欲望，追求人与自然的协同发展；通过环境友好的消费带动环境友好产品以及相应服务的生产；通过生产工艺与技术的不断改进，降低环境友好产品的成本，形成消费与生产之间的良性互动。其核心在于最大限度地降低产品生产和消费过程对环境的污染与破坏。它具有以下特征：环境友好型消费品成为消费的主流；消费主体有理性，且有绿色生态的消费观念；消费规模既与人们日益增长的物质文化需求相适应，与经济发展相协调，又要与生态环境承载力相协调；良好的消费政策约束或激励政府、企业和公众。

（三）可持续消费模式

2002 年，联合国环境规划署对可持续消费概念做了解释：“在产品或服务的整个生命周期中，自始至终最小化对天然资源和有毒材料的利用，最小化废物与污染物的产生，从而既满足了对服务与产品的基本需求，带来高质量的生活，又不会危害后代人们的需要，这就是可持续性消费。”① 可持续消费模式的核心理念不仅强调物质消费与精神消费并举，同时也强调社会环境与自然生态的协调和谐，通过构建和谐的环境，为人的生活提供所需的服务与产品，促进人的全面发展，其最终目的是提高人们的生活品质。

可持续消费模式的构建，一是要人们适度消费，使“所有人享有以

---

① 刘尊文．可持续消费发展历程［J］．环境与可持续发展，2009（5）：24-25.

自然和谐方式过健康而富有生产成果的生活的权利”；二是要遵循代内平等和代际平等，代内平等强调国家或地区间在利用资源和环境上的平等，反对损人利己的行为，代际平等强调当代人和后代人之间的平等，反对当代人挖子孙后代的墙脚；三是消费行为应该有利于环境的改善；四是以人为本，增加精神消费在消费结构中的分量，促进人的全面发展与进步。

（四）循环消费模式

循环消费模式包括绿色产品消费、物资回收利用等诸多内容，其核心在于消费品能够重复循环利用，消费废弃物能够纳入自然生态系统的循环，实现消费物质过程自身及其与自然生态系统的良性循环。该消费模式主要有三个层面的含义：一是转变消费者的消费观念，从只关注消费品性价比、享有消费过程的传统消费观念向兼顾消费品的环境属性和消费废弃物合理处置的循环消费观念转变；二是引导消费者选择绿色消费品，即推动消费者选购、使用能够通过工艺、农艺或自然降解过程加以重复循环利用的消费品；三是在消费过程中对消费废弃物进行分类和合理处置，以便变废为宝，促进消费废弃物的资源化。该模式的行为准则见表7－3所列。

表7－3　基本的行为准则——“3R”原则

“3R”	内　涵
Reduce（减少）	减少污染物排放及其对自然生态系统循环过程的负面影响
Reuse（重复利用）	提高产品和服务的利用效率
Recycle（再循环）	消费废弃物可以变成再生资源

“与绿色消费、可持续消费的概念相比，循环消费更侧重于消费路径的选择以及合理消费的实现途径。如果说绿色消费、可持续消费是未来中国消费模式的选择，那么循环消费则是实现合理消费模式的正确路径与方式。”① 循环消费模式强调消费废弃物的循环再生和资源化利用，依

① 易明，杨树旺．循环消费模式及其发展对策研究［J］．资源·产业，2005（5）：83.

循了生态系统的闭路循环规律，是一种现实的新消费观。

（五）低碳消费模式

低碳消费是指以低碳为导向，以低排放、低能耗和低污染为特征，以绿色消费为手段，以满足居民消费需求为目的的一种健康、科学的消费行为方式。2003 年，英国政府在其能源白皮书《我们能源的未来：创建低碳经济》中首次提出了“低碳经济”的概念，引起全世界的瞩目。随后各个国家基于这一概念，按照自身发展的需要，提出各自的低碳经济发展战略，并与此相对应，提出了低碳消费模式。低碳消费模式具有五个层次的含义，分别为“恒温消费”“经济消费”“安全消费”“可持续消费”“新领域消费”。这种消费方式可以用“5R”来概括其特征见表 7－4 所列。

表 7－4 低碳消费模式的特征

“5R”	内　涵
Reduce（减少）	节约资源
Reuse（重复利用）	废物减量、复用消费
Recycle（再循环）	垃圾分类、循环消费
Reevaluate（再评估）	低碳绿色选购、低碳品质消费
Rescue（拯救）	拯救气候生态、拯救人文景观

低碳消费模式之所以具有“5R”特征，主要是因为低碳消费是针对全球气候问题提出来的，涉及生态系统中的碳循环、氮循环、氧循环、水循环等良性循环的保护，需要消费者的低碳绿色选购、低碳品质消费来降低温室气体的排放。这并不意味着它涵盖了循环消费模式，循环消费模式所涉及的循环物质在种类和范围上比低碳消费模式所涉及的要广泛得多。

（六）绿色消费模式

绿色消费模式是绿色消费内容、结构和方式的总称。1994 年奥斯陆国际会议曾对绿色消费的概念进行了界定，认为绿色消费是一种资源使用最小化、排入生物圈内的污染物最小化、不危及后代生存、产品和服务不仅可满足生活的基本需要而且能提高生活质量的一种消费。绿色消费模式也有三层含义，与循环消费模式的三层含义大致相同。绿色消费是现代消费生活的一种新趋势。例如加拿大要求其政府部门使用环境标志产品；美国也规定了一系列政府采购绿色产品清单；德国、丹麦、荷兰等国也明确了政府绿色采购产品清单；2001 年日本开始实施绿色采购法。这些国家通过政府树立绿色思想并且付诸实施为条件，告别了工业社会对消费主义模式的崇尚，重塑了当代人应有的消费模式。

以上六种新的消费模式从不同的角度反映了当代社会的消费取向，尽管它们的内涵、特征和要求有所不同，但都是在面对当代严重的生态环境问题，对传统消费模式进行深刻反思的结果，都聚集于资源节约、环境友好的理念和诉求。就此而言，它们都属于“两型社会”消费模式。

二、“两型社会”建设战略对消费的要求

“两型社会”消费是符合“两型社会”建设要求的一种新的消费模式，从资源和环境两方面对消费行为提出合理的要求和制约，目的是更好地指导消费活动，使之体现资源节约和环境友好，从而促进资源环境和经济社会的协调发展。

（一）对居民的要求

城乡居民是生活消费的主体，“两型社会”建设内在地要求对城乡居民的消费观念、消费意识、消费行为进行引导和约束，促使他们的消费方式和习惯符合“两型社会”消费的标准。

第一，要求城乡居民选择健康、文明、科学的消费方式。如减少使用塑料产品和一次性消费品，这样可以减少其对生态环境造成的危害。另一方面，城乡居民在消费过程中不得丢弃有毒垃圾，不要猎食列入保护对象的野生动物等，这样才能做到不破坏自然环境和生态平衡。

第二，要求居民消费行为体现资源节约原则。一是在满足基本需求的基础上，选择节约资源的产品和服务进行消费，拒绝铺张浪费。二是自主选择集中消费和公共消费。例如居民可以选择公共交通，在改善道路交通拥堵状况的同时，也能起到节约能源、资源的作用。三是抵制浪

费资源的消费产品和消费行为。2013 年 1 月 20 日，中共中央办公厅印发的《习近平同志关于厉行勤俭节约、反对铺张浪费重要批示的通知》提出：“大力弘扬中华民族勤俭节约的优秀传统，大力宣传节约光荣、浪费可耻的思想观念，努力使厉行节约、反对浪费在全社会蔚然成风。”我国城乡居民都必须按照这一要求来践行“两型社会”消费。

（二）对企业的要求

企业作为产品生产者，在生产过程中需要消费原材料和排放废弃物，因此“两型社会”建设除了要求企业向消费者提供节能、环境标志产品等绿色产品外，还要求企业在生产过程中节约资源、减少废弃物和有害物质的排放。

第一，生产产品时应注重节约资源。采用无污染的可再生能源和可循环的清洁资源；减少消费品的过度包装，包装效果能达到保护产品的目的即可，追求简易适用；注重新技术和新设备的研发，采用新技术提高资源的利用率，使排放物、废弃物资源化。

第二，生产产品时应注重环境友好。最大限度地杜绝危害生态环境的物质或因素的产生，即便危害物质或因素在生产过程中不可避免，也必须在有效控制和治理之后才能排放；在生产消费品的原材料选取上遵循环境友好的原则，最大限度地杜绝会对环境造成不良影响的原材料的采用。

（三）对政府的要求

政府部门除了要制定以及完善环保相关的法律政策外，其消费行为同样受到资源和环境的制约。在公务消费时，政府部门应当以身作则，拒绝浪费，一切从简。在公共采购环节，政府应采用绿色采购制度，如优先选购获得环境标志的产品，这样不但能为社会上的消费者做好榜样，还能积极鼓励生产者生产更多环境友好型产品，促进环境友好型产业发展。绿色采购制度还包括推行绿色环保的公交车，政府公务车率先采用新能源汽车等。于此，合肥市在淘汰黄标车、推广新能源车方面的努力值得借鉴。机动车尾气是城市空气污染的重要来源，黄标车尾气污染尤其严重，1 辆黄标车的尾气排放量相当于 28 辆国Ⅳ标准车的排放量。2014 年 1 月 26 日，合肥市委、市人大、市政府、市政协、市机关事务管理局的18辆黄标车在全市率先报废，拉开了全市黄标公务车淘汰工作序幕。至4月底，市级公务黄标车提前2个月完成淘汰。至9月底前，省直单位公务黄标车也将完成淘汰。与此同时，目前合肥市已推广新能源汽车8 000多辆，98%为纯电驱动汽车，位居全国首位。另外，"气化合肥"步伐正在加快，到2015年将改装或更新LNG汽车1.4万辆[①]。

第三节 面向中西部地区的"两型消费"政策的完善

根据以上对现行"两型消费"政策及其在中西部地区的执行效果的分析，以及现有"两型社会"消费模式及其内在要求的梳理，面向中西部地区的"两型消费"政策可以从以下方面加以完善。

一、完善居民的"两型消费"政策

徐中民对人均生态足迹与人均消费水平的关系进行过研究，结果表明边际消费水平较高的国家居民的生态足迹也相对较高，这说明居民消费结构对人均生态足迹影响显著[②]。而且消费是生产的目的，我们所有的生产活动最终都要归结到居民消费。因此，完善居民的"两型消费"政策对于"两型社会"建设战略的有效实施至关重要。我国中部地区的一些省份，由于化石能源消耗相对较多，致使其生态足迹排名相对较高；我国西部地区则是生态较脆弱的区域。鉴于此，如何完善针对居民的"两型消费"政策，引导人们摒弃各种奢侈型、污染型等不合理的消费方式，践行"两型消费"模式，追求消费结构优化，促进节约资源、善待自然的社会风尚和消费习惯的形成，从生活细微之处着力以减少生态赤字，在提高能源利用效率的同时，积极寻找可再生的清洁能源，有效降低能源生态足迹，对于中西部地区来说更为重要和迫切。这需要在既有"两型社会"消费政策的基础上扩大政策自身的覆盖面，细化政策自身的

---

① 同心治污染执着护蓝天——合肥防治大气污染力度前所未有［EB/OL］.http://hfepb.gov.cn/NewsNR.aspx?NewsID=14728，2014-06-16.

② 徐中民.以生态足迹评价可持续发展能力［N］.中国环境报，2008-05-05.

内容，并通过政策的宣传、普及和实施过程的监督提高政策的执行效果。

“一粥一饭，当思来处不易；半丝半缕，恒念物力维艰。”针对居民的“两型消费”政策要扩大、细化到人们衣食住行的各个方面和诸多细节，督促人们从小事做起，从自己做起，为“两型社会”建设多做贡献。如对高污染、高消耗的产品征收较高的消费税，对节能、环境标志产品，可实行购买补贴政策；实行塑料购物袋的有偿使用制度和一次性包装品的约束政策；在食品上，鼓励科学健康的饮食结构和低碳消费方式；在服装上，鼓励追求自然和谐，选择生态服饰；在住宅上，鼓励住房的环保节能、生态性装修，减少对资源的浪费和环境的污染；在出行方面，鼓励选择公共交通、低碳交通工具，约束私家车上路；在生活垃圾和废旧生活用品的处置上，鼓励分类处理、物尽其用、以旧换新、有利于回收利用的行为；在生活用水、用电上，可实行梯次进价政策；在对污染源产品的消费上，可通过税收手段予以限制，如对鞭炮、焰火等消费品课以重税；等等。此外，针对农村居民的垃圾处置、秸秆焚烧等行为，以及一些事业单位员工的长明灯、长流水等不良现象，也要制定相应的政策予以纠正。针对居民的“两型消费”政策，要通过宣传教育的途径予以普及，让人们弄清政策的内涵和意义，提高人们运用政策的自觉性和执行力，从而提高政策的执行效果。宣传教育的具体途径可以是各种培训教育和媒体宣传，也可以是示范工程、知识比赛等活动。宣传教育的内容不仅包括政策本身，而且包括有助于深刻理解政策的“两型消费”理论知识和实践意义，让消费者深入了解消费节能、环境标志产品等绿色产品所具有的“两型”效益，以及他们的“两型消费”行为在阻抑环境恶化和生态破坏、提高环境质量和生活品质中的作用，增强他们对“两型消费”及其产品的辨识能力，引导消费者走出价格最低化误区，愿意以较高一些的价格进行“两型消费”，扩大节能、环境标志产品的有效需求。

针对居民的“两型消费”政策，还要通过监督措施保障其执行力度，提高其执行效果。具体的监督措施可以是专门机构监督，也可以是舆论监督、群众监督、志愿者监督等。通过监督，奢侈性、豪华性的过度消费得到有效遏制，“两型消费”政策得到有效执行。监督与宣传教育相辅相成，是居民的“两型消费”政策得以贯彻落实的重要保证。

二、完善企业的“两型消费”政策

企业是绿色产品的生产者，企业的生产过程也是消费生产资料过程，属于有别上述居民生活消费的生产消费，而且其产品最终流向个人消费者，成为居民生活消费的对象。因此，针对企业的“两型消费”政策，实际上是覆盖其整个生产和营销过程的“两型”政策。企业应该将“两型消费”理念贯穿于整个生产过程，扩大自身在市场上的竞争力①。位于中西部地区的企业，其技术水平和生产工艺总体上相对滞后于东部地区，节能、环境标志产品等绿色产品的体量、种类和品质相对不足，更加需要完善的企业“两型消费”政策，为“两型社会”建设发挥重要作用。

（一）激励企业积极研发绿色产品

位于我国中西部地区的大多数企业尚未深刻认识到节能、环境标志产品的巨大市场潜力，没有注重节能、环境标志产品等绿色产品的研究和开发，导致市场上节能、环境标志产品等绿色产品的供应量不足，难以满足消费者的“两型消费”需求。中西部地区在制定针对企业的“两型消费”政策时，应该结合中西部地区企业的特征，给予企业以资金支持，鼓励企业进行技术和工艺的“两型”化改造，研发节能、环境标志产品等绿色产品，扩大市场上绿色产品的供给。绿色产品的开发要考虑到其整个环节对生态环境的影响。比如在产品设计时，要考虑到资源的有效利用，废弃物的合理处理，以及产品生命周期结束后的回收处置和循环利用。在生产过程中，杜绝有毒有害原料的使用，提高生产过程的安全性。倡行绿色包装，提高包装物的回收率和可降解性，从而降低其对环境造成的污染。

（二）合理制定绿色产品价格

为制定出合理的节能、环境标志产品等绿色产品价格，企业应该考虑以下两个方面的影响因素：第一，企业要把用于治理环境污染方面的

---

① 王秋菊，易雪玲．“两型”社会背景下企业绿色营销创新［C］//湖南省市场学会2009年会暨“两型社会与营销创新”学术研讨会论文集．2010：224-225.

支出纳入生产成本，使环境保护费用也成为绿色产品价格的组成部分；第二，消费者在购买绿色产品时会考虑到健康、绿色等方面的因素，企业应该注意到消费者这一消费心理，从而制定出合理的绿色产品价格，找准其经济效益与市场占有率的平衡点。此外，中西部地区政府也应给予企业一定的资金支持以及税收优惠，适当奖励进行绿色产品研发的企业，促使企业制定出更能够被消费者所接受的绿色产品价格，扩大绿色产品的市场销售份额。

（三）疏通绿色产品销售渠道

绿色营销遵循营销的一般规律，需要疏通节能、环境标志产品等绿色产品的销售渠道，这也是企业提高绿色产品的市场占有率、扩大市场销售份额的关键所在。为此，企业应该拓展各种销售渠道，提高绿色产品的知名度，比如完善绿色产品的批发零售营销网络，建立起绿色产品专卖店，加大绿色产品的广告宣传力度等。此外，中西部地区的经销商应该通过开创绿色超市等手段，使消费者更方便、更快捷地购买绿色产品。

（四）大力倡导消费绿色产品

宣传“两型消费”的有力武器是绿色广告，位于中西部地区的企业可以通过绿色广告强化人们消费绿色产品的意识，使消费者认识到过度消费非绿色产品将影响到人类生存并最终威胁到自身健康与自身发展，从而约束自身过度消费非绿色产品的行为，做“两型消费”的促进派。树立企业及产品绿色形象的重要传播途径是绿色公关，中西部地区的企业可以通过绿色公关把绿色产品信息传递到广告无法到达的细分市场，在彰显其竞争优势的同时[①]，壮大“两型消费”群体。

对于农业生产性消费也要制定相应的政策，如限制农药的使用和种养污染等，以此促进农业生产的“两型消费”。

---

① 王秋菊，易雪玲．“两型”社会背景下企业绿色营销创新［C］//湖南省市场学会2009年会暨“两型社会与营销创新”学术研讨会论文集．2010：226-227.

三、完善政府的“两型消费”政策

对于政府而言，不仅要制定以上引导城乡居民和企事业单位的“两型消费”政策，规范“两型消费”市场，提高政策的执行效果，而且要严于律己，完善针对政府自身的“两型消费”政策，彰显示范效应。可以通过制定税收、补偿等机制建立健全绿色消费机制，引导公众。政府可以采用税收等手段鼓励。政府可以引导消费者对绿色产品和服务的消费，使公众并通过相关立法来规范消费者的消费行为，有效约束碍于经济持续发展和持续消费的非绿色消费，营造一个安全、舒适、环保的消费环境。政府要在绿色消费模式的构建中发挥引领和示范作用。

（一）健全各种政策、机制，规范“两型消费”市场

首先，政府为引导消费者树立资源节约、环境友好的绿色、低碳的消费观，选择“两型消费”方式，进行节能、环境标志产品等绿色产品的消费，激励企业使用“两型技术”，发展清洁生产工艺，拓展绿色产品的生产和服务，从而满足社会对绿色产品的需求，应该完善市场机制和政策体系及法律法规，健全教育宣传、限制禁止、促进激励以及市场准入等配套制度，把政策杠杆、市场机制、教育宣传、强制措施和资源措施有机地结合起来。其次，整合考虑社会、经济、环境等各方面的利益，加强社会监督和舆论监督机制、信息反馈和公众参与机制的构建，通过建设“两型消费”的监督和参与机制，在微观上引导企业和消费者的“两型”生产方式和消费行为，在宏观上促使决策管理行为和社会风尚“两型”化。通过这两个方面，政府能有效规范绿色消费市场，促进适度消费、公平消费和绿色消费等“两型消费”的发展①，实现从“越多越好”的消费主义向“更好与更少完美结合”的“两型消费”的转变。

---

① 梁辉煌．两型社会背景下我国绿色消费模式的构建［J］．消费导刊，2008（18）：31.

（二）彰显政府在“两型消费”中的示范效应

与上述相伴随，政府要不断完善约束自身的“两型消费”政策，适时调整《节能产品政府采购清单》和《环境标志产品政府采购清单》，并做政策的坚定执行者，发挥带头作用，彰显示范效应，引导市场主体“两型消费”模式的构建。我国的“两型社会”综合配套改革试验区建立在中西部地区，更需要其政府积极实行绿色采购政策，最大限度地将节能、环境标志产品等绿色产品及服务纳入政府采购范围。

政府的采购规模伴随着中国经济的可持续发展将不断增长，政府是市场上较大的消费者，若政府将环境准则纳入采购标准，无疑将会大加大节能、环境标志产品等绿色产品的购买力度，对市场上绿色产品的供给和服务产生至关重要的影响，进而会促进绿色产业发展壮大，使得“两型消费”蔚然成风。这意味着，政府实施绿色采购能够促进企业改变经营生产方式，促使企业将眼前经济效益和节约资源、保护环境协调起来，进行绿色技术创新，建立节约型的生产机制，增加环境污染治理的投入，使其产品及服务能满足政府绿色采购需求。政府绿色采购制度无疑也会对环境保护起到至关重要的作用，比如造成大气污染的主要原因之一是来自于大量的机动车辆排放的汽车尾气，配合标准的尾气排放车辆可以比现行国家标准规定的尾气排放降低30%。若中西部地区政府机构采购环境标志汽车将降低汽车尾气对大气造成的严重污染，彰显“两型消费”的效果。

为确保政府绿色采购制度的有效实施，政府应该提高采购人员的“两型消费”意识以及对节能、环境标志产品等绿色产品的辨识能力，熟练掌握绿色采购的方法；政府要完善其采购的管理体制，明晰管理机构权责，打破执行和监督部门的重叠状况，加强采购监测和后评估工作；因应绿色产品的开发和市场变化，调整绿色采购清单，扩大清单范围，使其能更好地满足政府采购的要求。

2012年12月，中共中央政治局审议通过了关于改进工作作风、密切联系群众的八项规定，其中要求领导干部在调查研究中“轻车简从、减少陪同、简化接待”，“不安排宴请”，在从政过程中厉行勤俭节约，严于廉洁自律，严格执行住房、车辆配备等规定。在与“八项规定”一以贯之的“六项禁令”中则明确提出：严禁讲排场、比阔气，搞铺张浪费，严禁超标准接待。“八项规定”及“六项禁令”发布之后，中央以空前的决心和检查监督措施确保其落到实处。这不仅是贯彻党的群众路线、反腐倡廉的重要举措，也是促进“两型消费”的政策措施，其长效机制的形成，必将增强党政部门及领导干部在“两型消费”中的表率作用和公信力，从而极大地推进“两型消费”的发展及“两型社会”建设战略的有效实施。

第八章　支撑中西部地区“两型社会”建设战略的合作与协调体系

区域间的合作与协调是“两型社会”建设战略得以有效实施的重要推动力和保障条件。如果没有地区间的合作，“两型社会”建设战略的实施速度将大大放缓。因此，如何构建“二元互换”体系和“三位一体”体系成为本章的研究重点。本章首先分析“二元互换”体系构建的必要性和可行性，并在此基础上，提出相应的政策建议；然后，研究如何构建“三位一体”的支撑体系，综合协调利用中央的扶持、东部地区的支援和中西部地区“自我造血”能力提升这三方力量，协同推进中西部地区“两型社会”建设战略的实施。

第一节　构建“二元互换”体系的可行性与必要性

所谓“二元互换”是指，中西部地区与东部地区本着互惠互利、优势互补、合作共赢的原则，按照市场经济的客观规律，通过产业转移、技术转让、联合、联营、合作等形式，发挥各自的优势，东部主要给予中西部地区资金、技术、人才、信息、管理等方面的支持，而中西部地区则主要向东部地区输送资源、劳动力等生产要素，既有利于支持和带动中西部地区“两型社会”的发展，也为东部地区的发展拓展更大的空间。

一、“二元互换”体系的必要性分析

（一）东部地区发展受到的劳动力和资源环境约束越来越强

首先，东部地区土地缺口逐年上升。东部地区经过长期的经济发展，可利用土地量逐渐降低，导致地价一路飙升，企业的生产成本一高再高。

1999年，上海市金桥开发区工业用地每亩价格只有19万元，2011年就上升为每亩667万元，12年间上涨了35倍[①]。其次，东部地区劳动力缺口逐年上升。自2010年以来，我国劳动力市场的求人倍率（市场需求人数与求职人数之比）始终大于1，即整体上需求大于供给，说明当前的整体就业状况并不悲观。23个省（自治区、直辖市）提高了最低工资标准，但劳动力市场上的主流声音仍然是民工荒、招工难[②]。据报道，东南沿海地区劳动力缺口达数百万人之众。国务院发展研究中心在谈到沿海地区近期所出现的严重的用工短缺现象时承认，“民工荒”是一个非常普遍的问题。目前沿海地区不仅缺少技术工人，而且连普通工人也非常短缺。为了缓解劳动力不足的压力，沿海地区部分企业为了招募员工，除调高工资外，还承诺各种福利。东部地区劳动力成本的不断上升，使得劳动密集型企业面临的生存压力逐渐加大，不利于社会总体的和谐、稳定发展。最后，东部地区基本生产要素供给的紧张和价格的上升，制约着企业效率的提高，使得原有的发展优势逐渐减弱，不利于东部地区经济的持续增长。2010年，浙江省一次能源生产总量为1 490万吨标准煤（等价值），比上年增长20.3%；净调入和进口能源15 211万吨标准煤，比上年增长9.0%。煤炭、石油和天然气基本依靠外省调入和进口，2010年，浙江省共调入和进口煤炭13 985万吨，比上年增长6.6%；原油2 826万吨，比上年增长12.2%；天然气31.8亿立方米，比上年增长66.6%[③]。总之，东部地区发展越来越受到劳动力和资源环境的约束。

（二）中西部地区资源丰富但发展不足

近年来，东部地区的产业逐渐转移到中西部地区，中西部地区一些地方政府出于GDP增长的冲动，不顾资源的稀缺性和环境的承载力，肆意使用有限的能源和环境。同时，中西部地区尽管煤炭、天然气、水能

① 代晓霞．我国纺织产业转移的动因分析［EB/OL］．http：//www.ccidthinktank.com/a/xfpgyyjs/sdgd/2012/0605/1653.html，2012-09-07.

② 熊建．经济增速为何不必再保八［N］．人民日报，2013-06-17.

③ 浙江省经信委综合处．2010年浙江省能源与利用状况．［J］．宁波节能，2011（12:）：21-23；2010年浙江省能源生产与消费情况［EB/OL］．http：//www.zj.stats.gov.cn/art/2011/9/21/art_541_47221.html，2011-09-21.

等自然资源丰富，西部地区地广人稀，但生态环境脆弱且容量有限，恢复能力相对较弱，生态防护工程建设又相对乏力，多维度、多方面的原因导致环境承载力明显不足。这需要从东部地区引进先进的技术和产业（切忌引进高污染、高能耗的非“两型”产业）及资金来加快“两型社会”建设战略的实施。总体上看，东部地区经济、技术及“两型产业”发展水平相对较高，资源却相对不足，而中西部地区则正好相反。各区域都存在发展的软肋与优势，这使得在东部和中西部之间构建“二元互换”体系甚为必要。

（三）东中西部地区需要在资源利用、生态环境保护与综合治理方面协调发展

虽然在经济与社会发展方面，东中西部存在较大差异，但从自然规律来讲，其生态环境往往是一个统一的整体。比如，长江、黄河都跨越了东部、中部、西部地区，淮河跨越了中部、西部地区。北京是风沙活动和沙尘暴的高发区之一，但影响北京的沙源主要有三个：毛乌素和库布其沙漠、乌兰布和沙地、浑善达克沙地，均属于西北地区。“不谋全局者，不足谋一域”，如果按行政区划分段利用与治理，必然出现难以协调发展的问题。与此同时，中西部地区，特别是西部有相当一部分区域，属于生态环境敏感区域，这些区域的保护与治理需要巨额的资金投入，其受益区域往往属于中东部地区。因此，只有尊重自然规律，充分考虑生态环境的演变规律，把长江、黄河、淮河等作为一个整体，加强全流域资源的综合利用、生态环境的统一监管和综合治理，协调好江河湖泊、上中下游、东中西部、干流支流之间的关系，才能有效保护和改善流域生态服务功能。这表明，从资源利用与生态环境保护角度来看，“二元互换”体系建设也至关重要。

二、“二元互换”体系的可行性分析

改革开放以来，东部地区利用有利的国内国际环境条件和良好的区位优势，在经济、政治、科技、文化等方面都取得了快速的发展；与此同时，中西部地区虽然经济发展速度相对缓慢，但一直都拥有丰富的矿产资源优势、土地优势、劳动力优势和政策优势。在中西部地区建设

"两型社会"的过程中，东部和中西部形成了优势互补的良性发展局面，使得构建和完善"二元互换"体系成为可能。

东部地区已率先发展。首先，东部地区的经济水平在全国处于最为发达的状态。从表8-1中可以看出，2001—2012年间，东部地区经济总量占全国GDP的百分比由53.4195%上升为56.8498%，虽然其间有小幅波动，但是整体上，东部地区的经济发展对于全国而言是最为发达的。其次，东部地区的"两型产业"逐渐成为主导性产业。2010年，东部地区第三产业产值为100 625.1300亿元，占东部地区GDP的44.0000%。

表8-1 2001—2012年全国和东部地区经济状况表

年 份	全国GDP总量（亿元）	东部地区GDP总量（亿元）	东部地区占全国GDP总量之比（%）
2001	109 655.2	58 577.2	53.4195
2002	120 332.7	65 718.4	54.6139
2003	135 822.8	76 964.8	56.6656
2004	159 878.3	92 795.6	58.0414
2005	184 937.4	110 528.2	59.7652
2006	216 314.4	129 197.6	59.7268
2007	265 810.3	154 029.7	57.9472
2008	314 045.4	180 416.6	57.4492
2009	340 903.0	196 674.4	57.6922
2010	397 983.0	229 384.8	57.6368
2011	471 564.0	271 354.8	57.5436
2012	519 322.0	295 234.0	56.8498

资料来源：根据《统计年鉴》计算得出。

中西部地区具有能源、土地、劳动力及其他资源的优势。首先，中西部地区有着丰富的自然资源，向外输出大量重要的能源和原材料，煤炭、金属钨、银、铜、铝土的存储量均排在我国前列。例如，中部山西省煤炭资源丰富、湖南有色金属丰富、江西稀土资源丰富，西部的太阳能、风能、水能丰富。其次，中西部地区可利用的土地资源丰富。西部地区12省、自治区土地总面积为101.32亿亩，人均土地102.8亩，相当于全国人均土地的2.5倍。西部地区未利用土地占33.25%，可供开发利用的后备资源潜力较大[①]。最后，中西部地区劳动力资源丰富。中西部地区由于工业发展较为缓慢，农村剩余劳动力逐渐转移到东部地区，为东部地区的经济发展和社会建设提供了大量的劳务输出。

实际上，我国早已实施了西电东输、西气东输、西煤东运、南水北调、沪汉蓉高速铁路等工程，国家实施这些战略工程，不仅有效利用了西部地区的水资源、石油天然气资源、煤炭资源、旅游资源，也为中西部地区的快速发展提供了重要的驱动力。近年来，"二元互换"体系建设不断完善，新政策、新措施不断出台，新工程不断实施。2014年9月25日，国务院印发的《关于依托黄金水道推动长江经济带发展的指导意见》提出，要将长江经济带建设成为具有全球影响力的内河经济带、东中西互动合作的协调发展带、沿海沿江沿边全面推进的对内对外开放带和生态文明建设的先行示范带。长江经济带的发展能够通过联动上游、中游、下游地区，有利于形成西部、中部、东部优势互补、协作互动格局，有利于缩小东中西部地区的发展差距，实现我国区域经济协调发展。长江经济带发展的指导意见表明"二元互换"体系既是必要的，也是可行的，需要进一步完善。

第二节　产业转移、技术转移与"二元互换"

一、产业转移与联营中的"二元互换"

由于东部地区经济的长期快速发展，其土地、劳动力、水、电等要素成本不断攀升。沿海发达地区纷纷把工业加工环节向中西部地区转移，其本身则由工业生产中心转向工业研发中心与营销中心。同时，中西部地区的基础设施状况和投资环境日益改善，已具备大规模承接产业转移的能力。特别是西部大开发经过十多年的实施，其交通、水利、能源、

① 王琴．我国中部地区承接东部地区产业转移的理论与实证研究［D］．杭州：浙江财经学院，2012.

通信等重大基础设施建设取得了跨越式的发展，这些基础设施也需要大规模产业转移来支持其正常运营[①]。为了有效地推动产业转移和联营，促进中西部“两型社会”的建设，主要需从以下三方面着力：

（一）制定政策加大产业转移引导力度

中西部地区资源丰富，要素成本低，正处于工业化与城镇化的初期、中期阶段，市场潜力大，发展前景广阔，积极承接国内外产业转移，不仅有利于充分利用中西部地区丰富的资源与能源，有利于中西地区新型工业化与新型城镇化的发展，有利于中西部地区居民就业与收入水平的提升，而且有利于东部地区产业结构的优化与转型升级，有利于减轻东部地区的资源和能源压力，有利于缩小我国的区域差异，促进区域经济与社会的协调发展。近年来，国家加大了对产业转移的引导力度。近年来国家共批准设立了安徽皖江城市带、广西桂东、重庆沿江、湖南湘南、湖北荆州、黄河金三角（跨山西、陕西、河南3省）、甘肃兰白等多个国家级承接产业转移示范区。国务院总理李克强在2014年6月25日主持召开国务院常务会议时指出，要“引导东部部分产业向中西部有序转移”；“加大薄弱环节投资力度，加快改善中西部交通、信息、能源等基础设施，强化财税、金融等服务，做好人才开发和产业配套”；“要促进东部地区产业创新升级和生产性服务业发展，推动劳动密集型产业和加工组装产能向中西部转移”；“要发挥资源禀赋和区位优势，强化资源型产业布局导向。有序推进西部煤炭和现代煤化工、西南水电、北方风电、沿海造船等基地建设”；“要实施差别化区域产业政策，切实保护环境，节约集约用地用水”[②]。这些政策的实施，将会通过产业转移，有效推进中西地区“两型社会”的建设，促进东中西部地区全面协调发展。

目前，对于中西部地区而言，虽然产业转移对社会经济发展起到了一定的作用，但是必须有选择地引入，对于高污染、高能耗的非“两型产业”设定高的承接门槛，限定其进入，而对低污染、低能耗的“两型产业”设定低的承接门槛，并且适度给予优惠，提高中西部地区的“两

① 车晓蕙，孟华．东部产业向西转移正进入战略机遇期［N］．经济参考报，2007-09-14.

② 方烨．国务院五项政策促东部产业西移［N］．经济参考报，2014-06-26.

型产业"比例，同时这也将促使非"两型产业"逐渐转型。对于东部地区而言，产业转移的过程可能会造成地区经济增长速度的放缓和就业压力的加大，地方政府因而可能限制产业转移到中西部地区。东部地区应改变传统的经济总量增长的思维模式，充分认识到产业转移的过程实际上是产业优化和升级的过程，没有产业转移，东部地区就缺乏进一步发展的空间，难以实现转型升级。东部地区未来的发展重点为高端装备制造业、现代服务业、现代农业，创新发展是经济增长的主要驱动力，投资与出口驱动将逐步退居次要地位①。因此，东部地区应以互惠互利的原则，积极鼓励那些不适合本地发展的"两型产业"转移到中西部地区，最终实现共同发展的目的。

（二）健全市场体系

健全市场体系主要包括三个方面：首先，完善劳动力市场。对于中西部地区，促进劳动力资本积累，提高劳动力素质，使之适合承接产业的发展需要，同时拓宽劳动力就业结构，疏通中西部地区劳动力到东部地区就业的渠道；对于东部地区而言，通过教育，鼓励"两型产业"人才转移到中西部地区，为中西部地区产业承接提供技术和智力支持。其次，完善资本市场。承接产业的前提是大量资金、设备和基础设施的支持，应鼓励银行、证券、债券和民间资本投入中西部地区，通过附属设施的完善，使转移产业的"成活率"得以提高。

（三）加快"一带一路"的建设

目前，经济全球化与区域经济一体化正向深度与广度发展，以国际化的视野，通过对外开放的深化推进国际化的"二元互换"，促进西部地区的两型社会建设，是顺应潮流之举。2013 年 9 月，国家主席习近平访问中亚四国，提出共同建设地跨欧亚的"丝绸之路经济带"，以点带面，从线到片，逐步形成区域大合作。2013 年 10 月，习近平出访东盟国家时提出，中国愿同东盟国家加强海上合作，发展海洋合作伙伴关系，共同

---

① 王琴．我国中部地区承接东部地区产业转移的理论与实证研究［D］．杭州：浙江财经学院，2012：40-41.

建设21世纪“海上丝绸之路”。2014年3月李克强总理在《政府工作报告》中介绍2014年重点工作时指出，将“抓紧规划建设丝绸之路经济带、21世纪海上丝绸之路，推进孟中印缅、中巴经济走廊建设，推出一批重大支撑项目，加快基础设施互联互通，拓展国际经济技术合作新空间。”陕西提出要打造“丝绸之路”的“新起点”，新疆提出要做“丝绸之路经济带”建设的“桥头堡”。“丝绸之路经济带”东边连着亚太经济圈，西边系着欧洲经济圈，是世界上最长的经济大走廊。21世纪海上丝绸之路的战略合作伙伴不仅包括东盟，而且将串起连通东盟、南亚、西亚、北非、欧洲等各大经济板块的市场链，发展面向南海、太平洋和印度洋的战略合作经济带。目前，我国已批准在新疆喀什建立经济特区，提供优惠政策与便利，其目的就是要针对中亚国家，将该区建设成为制造业、商业、金融业、会展业等产业的中心，吸引中亚各国商人经商交流。

西部地区要把握“丝绸之路经济带”、21世纪“海上丝绸之路”建设发展的机遇。从硬件上来讲，一方面，要大力推进西部地区与周边国家的互联互通等基础设施建设。“丝绸之路”经济带应不仅局限于贸易通道，而是要建设公路、铁路、航空、油气管道、光纤、通信等综合在一起的立体、多维的通道，使中亚区域的交通联络更便捷快速，为物流、资金流、人员、信息流动的加速提供便利。另一方面，依托陆桥通道上的城市群和节点城市，推动新型城镇化建设，积极培育新的区域经济增长极。从软件上来讲，要进一步深化体制与机制改革，推进西部地区的贸易和投资便利化，建设符合国际惯例的制度环境。西部地区要加强与中亚地区的政策协调、贸易畅通、货币流通以及各民族的友好交往。近期内，西部地区要积极参与国际区域合作的规划，需要将自己的发展规划与周边国家的发展战略相衔接，发挥各自优势，取长补短。可考虑借鉴上海自贸区的做法，根据西部地区对外开放的需要，设立相应金融贸易自由区，在“一带一路”的建设中，起先行先试区与示范带头作用。从产业发展来讲，要充分发挥沿线省份的能源资源优势，承接东部地区的资金、技术与产业转移，开拓中亚、俄罗斯及中东欧市场，进一步促进“两型产业”发展。当前国际合作的重点领域是交通运输、能源开发、油气管道互联互通、旅游教育文化及其他产业等。需要注意的是，虽然中亚国家油气资源丰富，特别是要加强与西亚、俄罗斯、中亚等国家的能源合作，既有利于西部地区的“两型社会”建设，又有利于国家的能源安全。但从“两型社会”建设的角度出发，我国西北地区仍然要大力发展太阳能和风能等“绿色”能源。在技术方面，缺水是西部地区与中亚一些国家农业发展的关键性制约因素，近期可考虑加强农业技术和节水技术的合作，特别是要加强节水灌溉和现代节水农业方面的合作，提高水资源的利用率。

当然，西部地区也必须看到，丝绸之路经济带沿线国家在国家利益、政治制度、经济制度、经济结构、文化宗教、风俗习惯等方面都存在着巨大的差异，政策与利益协调将是一件相当复杂的事情，丝绸之路经济带的建设也存在着政治、社会、宗教等方面的风险。因此，西部地区应顺应区域经济一体化发展的潮流，把握“一带一路”的发展机遇，但也不能过分依赖与等待。

二、技术转移与合作中的“二元互换”

技术转移也遵循梯度转移规律，一般是从高梯度流向低梯度。总体来看，东部地区的技术梯度高于中西部地区，因此技术的基本转移方向是从东部流向中西部，广而言之还有从技术生成部门向使用部门的转移以及使用部门之间的转移。而且技术转移与区域及部门之间的合作密不可分。为了有效推动中西部在技术转移与合作中的“二元互换”，需要采取以下三方面的举措：

（一）完善技术转移体系

结合中西部地区“两型社会”建设战略实施的要求，建立和完善新型技术转移体系，要做好以下几点：

首先，发挥企业需求的导向作用。企业的需求是技术转移的出发点和根本目的所在，中西部地区在完善技术转移体系的过程中要以企业的需求为导向，引进具有针对性的节能环保型技术。支持中西部地区企业对“两型技术”进行引进、吸收、再创新，实现“两型技术”对“两型产业"和"两型社会"发展的创新驱动和支撑作用。

其次，突出大学和科研院所的源头作用。充分利用大学和科研院所的人才和实验室资源，承担"两型技术"的承接、研发、应用等方面的义务和责任，减轻企业的压力；鼓励资源和环境方面的专家将研究方向转到中西部地区承接"两型技术"转移上来；鼓励科研院所建立专门的咨询机构，提供后续的技术使用指导，提高所承接的"两型技术"的使用和投产比例；鼓励将"两型技术"的承接成果比例和投产使用比例纳入相关科研机构的人员考核体系之中，完善科研评价机制。

最后，鼓励社会资金流向"两型技术"转移、研发和应用，促使技术转移后的产业化过程的快速实现①。通过技术交易市场，利用市场化供求机制，实现"两型科技"的内在价值，创新交易方式和类型，优化现有资源结构和比例，提供通畅的投资进入与退出通道，实现"两型"创新成果的快速转移和转化。

（二）加快技术转移行为的法制化进程

加快技术转移的法制化进程的要求是：明确技术转移方和技术承接方的责任、义务，以及在技术转移过程中所起到的作用，必须遵守的规则和秩序，以此促进技术的合理流动和转移承接活动的有序进行。首先，要规范信息发布标准和平台，通过法律手段规范相关机构的转移和承接行为，对专业人才进行差异化和标准化管理。其次，对于重大技术转移行为，要建立专门的监督和审查机构进行全面审核，并对后续工作持续监督。最后，要实行技术转移利益分配的标准化，在技术转移收入中提取一定的比例给转移中介人，以提高企业或个人技术转移的积极性。

（三）重点支持转移示范机构的建设

根据现有的技术转移机构的建设状况，选择符合资源节约和环境友好条件、外溢性强、带动范围广的东部技术转出机构和中西部地区技术承接机构作为示范性机构予以重点支持，以求积累经验，摸索规律，加以推广。鼓励建立国内和国际、东部和中西部地区、企业和科研院所间

---

① 马彦民．技术转移与自主创新战略［J］．太原科技，2009（11）：1-3.

的合作型“两型技术”转移机构联盟，进行“两型技术”转移的协同创新，提升中西部地区承接“两型技术”转移的水准。

第三节　构建“三位一体”支撑体系

由于中西部地区经济发展基础相对较薄弱，在“两型社会”建设战略实施的过程中必须结合多方力量，构建“三位一体”的支撑体系。所谓“三位一体”是指中西部地区在实施“两型社会”建设战略的过程中，要综合利用中央政府对中西部地区的扶持、东部地区对中西部地区的支援和中西部地区自我造血机制的提升。

一、中央政府对中西部地区的扶持

对于中西部地区的“两型社会”建设而言，中央政府的扶持具有必不可少的宏观调控作用。在中西部地区的“两型社会”建设战略实施的过程中，中央政府的扶持不是传统意义上的补助性扶持，而是聚焦于“两型社会”建设的导向性扶持，除了前述在基础设施建设、教育发展、人才培养方面的扶持之外，主要还涉及现行转移支付制度和税收制度的完善、新型城镇化建设以及扶贫政策的改革。

（一）完善现行的转移支付制度

由于东部地区的经济发展程度和财政收入水平明显高于中西部地区，存在严重的财政横向失衡问题，因此，中西部地区在发展“两型社会”的过程中，中央的转移支付应选择以横向平衡为主的制度。应从整体利益出发，采取转移支付的方式，使得东部地区较为充裕的财政税收被调剂到相对短缺的中西部地区，使得税收使用的边际效用提高，实现全社会均衡发展的目标，最终达到双赢的态势。

此外，在市场经济的调节作用下，投资主体在选择投资项目和投资地点时，往往会选择基础设施完善、配套条件充足的东部地区，致使中西部地区陷入“经济发展落后—基础设施不完善—投资量小—经济发展落后……”的不良循环。因而中央政府有必要使用财政转移支付手段实现公共基础设施建设在全国的均衡化，以期自然资源环境、经济发展状况不同的地区可以得到相对公平的公共服务，在现阶段，中央政府对中西部地区可以实行相对偏倚的政策，促使中西部地区基础设施和配套设施的建设水平以更高的速度增加，进一步缩小与东部地区的差距[①]，推进中西部地区“两型社会”建设战略的实施。

（二）完善现行的税收制度

我国税收制度在调节中央和地方的财政收入上具有重要的杠杆作用，通过现行企业所得税分享制度的改革和环境税收制度的实行对现行税收制度进行完善，并在转移支付时对中西部地区给予倾斜，将是中央对中西部地区“两型社会”建设战略实施的有力、合理的扶持。

1. 改革现行企业所得税分享制度

中西部地区一些地方政府的招商引资在资源与环境方面具有一定的负外部性。从理论上讲，招商引资的负外部性越大，地方政府受到的税收损失应该越大，其依赖这些投资所获得的财政收入应该越少；反之亦然。而现行的企业所得税分享制度，没起到这种激励和制约作用。现有制度中的固定税率和固定分配比例的特征，使得所有的招商引资类型所承担的资源和环境压力并不存在差异，导致中西部地区在招商引资过程中对企业的类型并没有实质性的筛选过程。为此，要通过调整不同类型企业的所得税税率、降低“两型企业”的所得税比例、重新划分中央和地方在企业所得税中的分享比例、提高地方政府在“两型企业”税收中的分享比例，改革目前的企业所得税分享制度，以充分调动地方政府和企业建设“两型社会”的积极性。

第一，税收共享改革方面。现行的税收共享机制存在的缺点在于，不论地方政府是发展“两型”投资项目还是非“两型”投资项目，中央和地方的税收分配比例是固定的，这会导致地方政府只关注投资项目的经济收益，而忽视了项目本身的资源和环境代价。因此，税收共享改革的重点在于实行差别化分配比例，也就是说，将地方政府的税收来源分

① 金影子．区域经济发展与财税金融政策［D］．大连：东北财经大学，2002.

为符合“两型”要求的投资项目和不符合“两型”要求的投资项目，对于前者，中央政府实行低共享比例，而对于后者实行高共享比例。这将有效激励地方政府发展“两型”投资项目和“两型产业”。

第二，企业所得税征管改革方面。中央首先应该对企业类型和征税标准进行分类管理，将企业分为“两型企业”和非“两型企业”，并分别确定征税标准；其次，将税务机构进行分类，分别对不同的企业进行不同管理和监督，权责分明；最后，地方部门要根据中央的安排，对征税管理进行地方化、差别化和精细化操作，对于专业水平要求较高的工作岗位，配套安排专业水平较高的管理人员和操作人员。

第三，转移支付改革方面。过往的转移支付资金分配比例缺乏充分、合理的科学依据，其获取资金的多少在一定程度上取决于不同地方政府的议价的策略和能力，导致了转移支付资金并没有流向最需要的地方，边际资金效用偏低，环保资金缺口较大的贫困地区可能长期得不到应有的转移支付，环保压力逐年上升。因此，转移支付改革的重点在于根据地方政府的财政收入、环保压力、资金缺口大小等因素，确定各因素所占权重，标准化转移支付资金的分配比例。同时考虑到中西部地区的历史贡献和现实需要，中央在转移支付时对中西部地区予以扶持，着力推进中西部地区“两型社会”建设战略的实施。

为此，本书提出如下企业所得税分享制度改革的具体建议①：

（1）制定“两型企业”的认定办法。一是制定《“两型企业”认定管理工作指引》，设置节能减排及环境治理等技术性指标，并分为一、二、三级标准。二是环保部、国土资源部、财政部和国家税务总局组成全国“两型企业”认定管理工作领导小组，一级、二级、三级标准由国家组成相应的机构及派出机构认定。为了减少地方政府与企业联合造假的行为，派出机构不应按行政区划设置，而应跨省跨区域设置。三是为了减少机构增加所导致的行政成本上升，原则上认定机构由环保、国土、财政等部门抽调人员组成。四是对于申报“两型企业”的相关企业进行

① 黄志斌，张先锋．改革企业所得税分享制度　促进“两型社会”建设［G］//国家社科基金《成果要报》汇编（2010年）．北京：社会科学文献出版社，2011：300-304.

严格的合规性审查，认定机构应建立“两型企业”认定评审专家库，依据企业的申请材料，抽取专家库内专家对申报企业进行审查，提出认定意见。

（2）制定“两型企业”的分类标准。根据“两型企业”资源节约及环境友好程度的高低，将其分为一级、二级、三级企业。一级“两型企业”认定标准要达到发达国家的先进水平；三级认定标准要超过目前国家规定的强制性技术标准；二级认定标准应介于二者之间。“两型企业”提供的产品（服务）应属于《国家重点支持的节能减排的领域》规定的范围；资源节约与环境保护相关指标应符合《国家认定“两型企业”的指标体系》。

（3）调整“两型企业”的税收激励政策。一级“两型企业”的所得税税率设为15%左右，同时享受现行企业所得税相关优惠政策，优惠期为5～10年；二级“两型企业”的所得税税率设为20%左右，同时享受现行企业所得税相关优惠政策，优惠期为5年；三级“两型企业”的所得税税率设为25%，同时享受现行企业所得税相关优惠政策。没有经过认定的企业仍暂时按25%的所得税税率征收，不予执行现行企业所得税优惠政策，并在条件成熟时适当提高税率。参照国家发改委出台的《产业结构调整指导目录》《外商投资产业指导目录》，编制出台《“两型产业”投资指导目录》，对该目录中限制类投资的产业，企业所得税税率设为33%。

（4）完善地方政府的税收激励政策。一级、二级、三级“两型企业”的所得税分别按照中央和地方30%和70%、40%和60%、50%和50%的比例分割。没有经过认定的企业仍暂时按照中央60%和地方40%的比例分割，条件成熟时可调整到中央70%和地方30%。对《“两型产业”投资指导目录》中限制类投资的产业，企业所得税按照中央90%和地方10%的比例分割。

（5）“两型企业”认定标准采取由低到高的策略。按以上设计，“两型企业”认定标准的高低将对中央与地方财政收支产生不同的影响：如果认定标准较低，则达到优惠税率的企业较多，地方财政的税收收入将相对增加，中央财政的税收收入则相对减少；如果认定标准较高，达到优惠税率的企业较少，加之采取较高认定标准时，没有经过认定的企业税收中央和地方分割比例可由60%和40%调整到70%和30%，则中央财政的税收收入将相对增加，地方财政的税收收入将相对减少，中央政府可以通过规范的专项转移支付形式返还地方政府，作为节约资源、环境保护的改造基金。鉴于此，与企业所得税分享制度改革直接相关的“两型企业”认定标准应采取由低到高的策略，近期采取较低标准，条件成熟时再提高标准，这既可以促使“改革”的启动，又可以推动“改革”的深入，从而稳步推进“两型社会”建设。

（6）完善转移支付制度。通过制定有关法律法规，明确规定中央对省、省对市县转移支付的基本目标和原则、主要类型、分配方法、使用规范、监督与责任追究办法等，特别是要规范省以下针对资源节约、环境保护及治理的专项转移支付制度，同时完善对主体功能区中限制和禁止开发区的转移支付制度，加强资源节约、生态环境保护治理的专项转移支付，以增加地方政府对资源节约和环境保护方面的投入，补偿主体功能区中限制和禁止开发区域为生态环境保护所做出的牺牲。

2. 实行环境税制

环境资源不仅具有效用性和稀缺性价值，而且是具有公共性的物品，因此除了依靠市场机制进行优化配置和利用之外，还要依靠国家公权力的介入，运用税收杠杆，遏制污染环境的行为，调控自然资源的配置，防止市场主体基于自身利益的最大化而肆意耗用资源和向环境排污。环境税是体现环境资源的效用性和稀缺性价值，以环境保护为直接目的的专门、独立的税种。我国环境税制的研究起步较晚，国务院在批转国家发展和改革委员会的《关于2010年深化经济体制改革重点工作意见》中才明确提出要研究开征环境税的方案。经过3年的酝酿和论证，开征环境税方案已在2013年下旬上报国务院，但截至目前还没有实施。我国环境税将按费改税方式执行，其税率将在“排污费”的基础上大幅提高，并将主要税收收入划归地方。这对中西部地区“两型社会”建设战略的实施，将是一项重要的支撑、扶持政策。中西部地区设有国家“两型社会”建设综合配套改革试验区，因而环境税的开征可以在中西部地区先行试点并逐步推广，一方面对地方财政起到补充的作用，另一方面可以扭转企业生产过程中对环境产生外部负效应的不利局面。由于我国的环境税制尚在起步之中，不可能一蹴而就，因而需要在实践中不断总结和完善。从设计的角度看，可以从以下方面考虑环境税制的完善：第一，对于已有的环境资源方面的税收体系进行补充，扩大和拓宽征税对象和征税比例，提高环保项目的减税程度，增强环境税的制约和激励作用，使得污染性企业必须付出污染治理成本。第二，增设针对污染、破坏环境行为的专门性税种。我国现行税制下仅有针对污染产品的税种，增设针对污染、破坏环境行为的专门性税种，可以解决由于人们行为不当所带来的环境问题，堵塞既有税制的漏洞。第三，合理确定环境税征收税率。“税率的设计应按照排放的应税污染物的污染程度来确定。税率的类型总体上应以累进税率为主，体现税收差别”[①]。差别税率在西方国家的环境税中已得到普遍应用，这不仅体现在不同行业之间的税收差别以及同一税种中不同产品的税收差别，还体现在同一种产品环保与否的税收差异。在考虑税率合理的同时还可以通过制定减税、免税的税收优惠政策，来鼓励和推广新能源和可再生能源的使用[②]。第四，对环境税收入做出专款专用的规定。只有在专款专用的规定下，才能降低税收收入被挪为他用的风险，而且也保证了政府部门有足够的资金来履行其职能。最后，中西部地区应在不与国家法律法规抵触的前提下，结合本地区实际情况，由地方性国家权力机关制定并颁布一系列地方性法规，以保证环境税制改革得以有效进行[③]；同时中央政府的环境税收入，可以运用转移支付的手段向中西部地区倾斜，扶持中西部地区“两型社会”建设战略的实施。

（三）推进新型城镇化

城镇化是中国现代化建设的历史任务，也是扩大内需的最大潜力所在。中央城镇化工作会议于 2013 年 12 月 12 日—13 日首次在北京举行。会议认为，推进新型城镇化，将有利于释放内需的巨大潜力，提高劳动

① 侯瑜．中国现行环境保护税费政策评析及建议［J］．税务与经济，2008（15）：80.
② 佐丹丹．环境税的价值分析及制度构建［D］．哈尔滨：黑龙江大学，2011：47.
③ 王晓岑．中部地区环境友好度分析及政策建议［D］．合肥：合肥工业大学，2013：40.

生产率，破解城乡二元结构，推进城乡一体化，促进社会公平和共同富裕，而且世界经济和生态环境也将从中受益①。从内涵上看，新型城镇化的本质是用科学发展观统领城镇化建设，以人的城镇化为核心；要破除城乡二元结构对城乡发展一体化的制约，推进城乡要素平等交换和公共资源均衡配置；要加大制度变革，健全城镇化健康发展体制机制，实现政府、市场、社会充分互动等②。改革开放以来，中西部地区城镇化以“快速、集中、粗放”的方式完成了量的积累，正进入一个新的发展阶段，面临重要的战略抉择。立足中西部地区人口结构，新型城镇化需要直面的是如何解决城镇定居型人口的城市工作、生活需求、流动人口的市民化需求以及潜在农村转移人口进城后的新增需求等问题。中央的政策扶持，将促进中西部地区加快城镇化的改革与转型，加快中西部地区“两型社会”建设战略实施的进程。中央政策扶持的着力点以及中西部地区城镇化的发展方向当然是在科学发展观统领下的提质增效、资源节约和环境友好有机统一的新型城镇化建设③，或即中西部地区“集约、智慧、绿色、低碳”的新型城镇化建设。

1. 扭转“造城运动”，建设集约城镇

过去几十年，以“土地城镇化”快于“人口城镇化”为特征的“造城运动”是中西部地区城镇化粗放式发展的典型表现。城市建成区面积从1991年的1.4万平方公里扩张到2011年的4.4万平方公里，增长了214%，而同期城镇人口只增长了123%（真实的非农人口增长率还低于这一水平）。一些地方不切实际的造城运动，还造成城镇的历史人文特征迅速消失，留下一座座“鬼城”“烂尾楼”。

2013年，我国政府发布《关于实行最严格水资源管理制度考核办法的通知》《大气污染防治行动计划》《关于加强城市基础设施建设的意见》等，要求完善法制，严格落实地方政府责任，建设集约城镇，确保

① 中央城镇化工作会议举行　习近平、李克强作重要讲话［EB/OL］. http://www.gov.cn/ldhd/2013-12/14/content_2547880.htm，2013-12-14.

② 光明日报理论部学术 . 2013年度中国十大学术热点［N］. 光明日报，2014-01-15.

③ 黄志斌，范进，赵定涛 . 推进新型城镇化改革，实现城镇发展转型［G］//国家社科基金《成果要报》汇编（2013年）. 北京：学习出版社，2014：57-60.

促进人居环境改善，提高城镇化质量。新型城镇化的本质应当是人的城镇化，尤其是农村人口的市民化。但一些地方政府却本末倒置，片面追求土地城镇化，大搞形象工程、政绩工程。这在很大程度上同以往“以GDP论英雄”的官员选拔、任用制度有关。一些地方政府经营城镇热情过高，并将经营城镇的兴奋点维系在经营土地上，把土地增值作为实现政府利益和官员政绩的捷径。另外，更深层次的原因是，我国的城乡二元土地制度、过低的征地成本有利于地方政府经营土地、推动造城运动。近年来以征地和城市改造推动的高速城市化已成为我国诸多社会冲突发生的根源之一。以大拆大建、招商引资推动GDP总量增长，背离提供更多就业、维护社会治安、改善住房、交通等增进民生福祉的需求。对城镇政府的政绩考核要更注重经济增长的质量而非仅以GDP增长的数字和速度作为衡量标准，政绩考核应包括对增强可持续发展能力、提高生态文明水平和改善民生的贡献。

要实现城镇建设集约化，控制城镇物理空间过度扩张，首先需要深化土地产权制度、定价制度改革。使农民获得永久土地使用权，或者是部分土地所有权，消除农民入镇进城的产权障碍。进一步发挥市场机制的作用，逐步建立城乡统一的土地市场制度，形成土地的合理定价[①]，使入镇进城农民的土地权益得以落实，创业启动资本得以增加。

建设集约城镇，要加快培育发展中西部地区城市群，使中西部地区城市群成为推动区域协调发展和城乡一体化的新的重要增长极。中共中央、国务院于2014年3月发布的《国家新型城镇化规划（2014—2020年)》指出，中西部城镇体系比较健全、城镇经济比较发达、中心城市辐射带动作用明显的重点开发区域，要在严格保护生态环境的基础上，引导有市场、有效益的劳动密集型产业优先向中西部转移，吸纳东部返乡和就近转移的农民工，加快产业集群发展和人口集聚，培育发展若干新的城市群，在优化全国城镇化战略格局中发挥更加重要作用[②]，同时促进

① 周子勋．通过改革推进我国新型城镇化——访国务院发展研究中心资源与环境政策研究所副所长李佐军［N］．中国经济时报，2012-09-27.

② 国务院公报［EB/OL］．http：//www.gov.cn/gongbao/content/2014/content_2644805.htm，2014-03-17.

本地区"两型"城乡共同体的构建。

中西部地区应将新型城镇化建设与"两型社会"建设战略的实施结合起来，将中央对中西部地区的政策扶持显现为城镇的集约化和民生的改善。

2. 完善基础设施，发展智慧城市

尽管近些年来中西部地区城镇基础设施建设取得了较大成就，但仍存在一些死角，整体住房质量、城市管理服务水平等还不能完全满足城镇定居型人口和城镇流动人口的需求。有些地方在城市规划建设中重"地上"轻"地下"，城市排水设施严重不足，给市民生命和财产安全造成极大危害；多数中小县城、城镇排水管道雨污合流，不利于污水的收集、集中处理和雨水回用；截至 2012 年，我国仍有 22% 的城镇住宅为 1989 年以前建造，42% 的住宅没有独立抽水式厕所，仅有 35% 的住宅为钢筋混凝土结构，这些与智慧化城镇的发展目标还有很大差距，中西部地区的情况更是不容乐观。

智慧城市是以现代科学技术的综合运用、信息资源的整合、业务应用系统的统筹为手段，实现城市规划、建设、运行和管理科学化、信息化、高效化的城市发展新模式。基础设施建设事关民生需求、城市安全和人居环境，是城镇化和经济发展提质增效的必要条件。要实现城镇发展智能化，建设智慧城市，应把城镇地下管网建设作为民生工程的首要任务，并建立地下管网数字化管理平台和信息共享机制。管网建设要有前瞻性，要考虑城镇地下管网走向、容量，对城镇发展做出科学预测，避免地下管网与城镇发展不相适应。针对中小城镇基础设施薄弱的问题，城镇化建设的重心要下移，在有条件的地方可以进行镇级市试点。给镇以城市的发展权，发挥镇的城市功能，提高镇聚集人口和发展经济的能力。同时，需要进一步改革投融资体制，形成新的城镇建设机制。突破国家建设、居民享受的政府单一投资体制，创建政府、社会、企业、居民、外引相结合的多元投资体制。逐步改变城镇建设收益小于城镇建设成本，以及政府投资得不偿失的不均衡状态。

2012 年 11 月，住房城乡建设部办公厅颁发了《关于开展国家智慧城市试点工作的通知》（建办科〔2012〕42 号），决定开展国家智慧城市试点工作，并印发了《国家智慧城市试点暂行管理办法》和《国家智慧城市（区、镇）试点指标体系（试行）》，以推进2012年度申报试点有关工作[①]。2013年10月，科技部办公厅和国家标准委办公室联合下发《关于开展智慧城市试点示范工作的通知》（国科办高〔2013〕52号），选取合肥、南京、无锡、扬州、太原、阳泉、大连、哈尔滨、大庆、青岛、济南、武汉、襄阳、深圳、惠州、成都、西安、延安、杨凌示范区和克拉玛依等20个城市作为国家智慧城市试点示范城市，实施期限为三年。试点工作的核心目标是充分应用我国自主创新成果，在规模示范的基础上完善形成具有自主知识产权的智慧城市技术体系和标准体系，扶持和培育我国智慧城市创新链和产业链[②]。智慧城市建设将促进中西部地区城市规划管理信息化、基础设施智能化、公共服务便捷化、产业发展现代化、社会治理精细化，促进城市的人流、物流、信息流、交通流的协调高效运行，使城市运行更安全、高效、绿色[③]。由于我国现在的城市大多管辖县和县级市，因而智慧城市的发展亦即智慧城镇的发展。

3. 多举措防治城镇污染，建设绿色低碳城镇

数据显示，我国90%的城市地下水不同程度地遭受到有机和无机有毒有害物的污染。城镇化率每上升1个百分点，会导致工业废气排放增加超过1个百分点。近年来，城市空气污染日益严重。相关研究表明，中国500个大型城市中，只有不到1%达到世界卫生组织空气质量标准。60%以上的大中城市被“垃圾围城”，县城垃圾的处理也成为日益突出的问题[④]。有些地方在治埋城镇污染的过程中，简单地将城市污染转移到农村。

在经历中西部地区城镇化“粗放式”增长之后，新型城镇化应当更加注重节地、节能和生态环保，降低城镇化的经济社会和生态环境成本。

---

① 住房城乡建设部办公厅关于开展国家智慧城市试点工作的通知［EB/OL］. http://www.gov.cn/zwgk/2012-12/05/content_2282674.htm，2012-12-05.

② 科技部和国家标准委组织开展智慧城市试点示范工作［EB/OL］. http://www.syjxw.gov.cn/hysx/hydt/4718.htm，2013-10-24.

③ 国家新型城镇化规划（2014—2020年）［J］. 农村工作通讯，2014（3）：44.

④ 周子勋. 通过改革推进我国新型城镇化——访国务院发展研究中心资源与环境政策研究所副所长李佐军［N］. 中国经济时报，2012-09-27.

"城镇建设用地……要以盘活存量为主，不能再无节制扩大建设用地，不是每个城镇都要长成巨人"，要"促进大中小城市和小城镇合理分工、功能互补、协同发展"；要推行城市建设与人文历史和天然自然的有机融合，"依托现有山水脉络等独特风光，让城市融入大自然，让居民望得见山、看得见水、记得住乡愁"[①]。政府应通过立法，设立城镇禁止开发生态核心区、核心带，打造现代城镇宜居软环境。同时，大力发展绿色产业，提高城镇综合承载能力和资源利用效率。建设绿色低碳城镇，还需要建立、完善城镇节能减排制度，如城镇排污权交易制度、节能补贴制度等。此外，要加快城镇的精神文明建设，提高城镇人口的综合素质，缩小不同社会阶层的心理距离，建设和谐、宜居的"两型"社区和新型城镇。

为把生态文明建设融入城乡建设的全过程，加快推进建设资源节约型和环境友好型城镇，实现美丽中国、永续发展的目标，2013 年 4 月住建部制定印发了《"十二五"绿色建筑和绿色生态城区发展规划》，要求实施梯度化推进的发展路径："充分发挥东部沿海地区资金充足、产业成熟的有利条件，优先试点强制推广绿色建筑，发挥先锋模范带头作用。中部地区结合自身条件，划分重点区域发展绿色建筑。西部地区扩大单体建筑示范规模，逐步向规模化推进绿色建筑过渡。"[②]

中西部地区现已进入快速工业化和城镇化时期，面临产业大转移而造成资源环境恶化的风险。因此，要严格执行国家生态环境保护的法律法规和政策措施。要落实主体功能区规划，划定并严守生态功能保障基线、环境质量安全底线、自然资源利用上线等生态红线，建立资源环境承载能力预警机制。改革生态环保管理体制，完善生态补偿机制。建立生态环境损害责任终身追究和赔偿制度。加大对林地、水系、湿地、风景名胜区及生态脆弱地区的保护和修复力度[③]。产城融合上，要优化产业结构布局，建设生态工业示范园区，加快淘汰落后产能，严把节能环保

---

① 中央城镇化工作会议在北京举行［N］. 人民日报，2013-12-15.

② 住房城乡建设部关于印发"十二五"绿色建筑和绿色生态城区发展规划的通知［EB/OL］. http：//www.mohurd.gov.cn/zcfg/jsbwj_0/jsbwjjskj/201304/t20130412_213405.html，2013-04-03.

③ 安徽省《政府工作报告》［N］. 安徽日报，2014-02-14.

准入关，大力发展循环经济，推进资源节约集约利用，大力发展节能环保产业，促进城镇发展向绿色低碳化转型。财政投入上，应加大对中西部欠发达地区生态环境保护的投入，特别是向城市环境基础设施、水源地、自然保护区、重要流域上游地区和少数民族地区倾斜。

4. 多种制度联动改革，实现城市公共服务均等化

2012 年农民工总量达到 2. 63 亿人，其中外出农民工 1. 63 亿人，在本地务工经商的农民工接近 1 亿人。大量的入镇进城农民工虽被统计为城镇常住人口，但却没有享受城镇的基本公共服务和社会保障。农民工在城镇安家落户门槛高，难以真正融入城市，成为我国城镇化发展过程中存在的突出问题。在义务教育方面，20% 以上的农民工子女无法入读全日制公办中小学校；近年来，在职业病发病人群中有 80% 以上是农民工[①]，农民工群体性职业病事件时有所闻，而参加职工基本医疗保险的农民工比例则明显低下。

农民工是我国改革开放过程中形成的特殊群体，为我国经济发展做出了历史性贡献。如何从根本上改变农民工流动不定、缺少关爱、逐步被边缘化的生存状态，使之能够总体稳定、共享发展成果，是对党的执政能力和政府管理能力的巨大挑战，其关键在于城镇公共服务的均等化。城镇公共服务均等化的主旨就是保证流动人口及其家庭可以享受与城镇户籍居民相同的公共服务和权益保障，包括住房保障、子女教育、医疗保障及社会保障等方面。

实现城镇公共服务均等化，需要多种制度联动改革。要加快对城乡二元户籍制度的改革步伐，在人口流动制度上逐步实现以身份证管理为核心，按照居住地将人口划分为城镇人口和乡村人口，按照所从事的职业划分农业人口和非农业人口，让城乡公民享有户籍上的平等，使农民入镇进城安家落户的身份障碍问题得以解决。要加快劳动就业制度的改革步伐，打破城镇的保护主义，归还、赋予和保护农村居民自由择业的权利及劳动权益，统筹建设城乡就业信息网络中心，及时公布全国农村剩余劳动力的供求信息，促进全国统一劳动力市场的形成，让城乡公民

① 韩俊．中国力推农民工市民化融入城市存六大难题［J］．《瞭望》新闻周刊，2012-10-08.

享有就业机会上的均等，使农村居民入镇进城的就业障碍问题得以解决。要加快福利保障制度的改革步伐，在住房、医疗、养老等福利保障方面逐步减少原有城镇居民的特权，推进和谐社区的建设，让农村居民入镇进城后与原有城镇居民享有福利上的平等，使农村居民入镇进城的利益障碍问题得以解决。此外，通过前述土地制度改革，实现农村土地增值，并从中划分出一部分，建立农民入镇进城的保险基金，使农村居民入镇进城的风险之忧问题得以解决。

新近出台的《国务院关于进一步推进户籍制度改革的意见》（国发〔2014〕25号）是保障农业转移人口及其他常住人口合法权益，实现公共服务均等化的一项重要改革举措。它的有效执行将有力推进对我国的新型城镇化建设和中西部地区“两型社会”建设战略的实施。

（四）推进援助型贫困县向激励型贫困县的转型

我国的贫困县主要分布在中西部地区，多年来，中央政府按照所出台的贫困县制度对贫困县给予了大力扶持。2014年1月，中共中央办公厅、国务院办公厅《关于创新机制扎实推进农村扶贫开发工作的意见》对贫困县制度提出了改革思路，要求以消除体制机制障碍为着力点，将加大中央政府对贫困县的扶持与增强贫困县自身的内生动力和发展活力相融合，推进贫困县党政领导考核机制的改革，取消对生态脆弱的贫困县GDP考核指标，加强集中连片特困地区的生态建设。其实质就是要推进援助型贫困县向激励型贫困县的转型。以往的贫困县制度是以贫困理论的“缺乏说”为依据，未能反映贫困地区的特殊产出，如生态环境产出、较少的污染排放等。从本质上来讲，以往的贫困县制度是一种依托外部贴补的、非市场化的扶贫方式，从而导致贫困地区内生发展能力不足。随着中西部地区经济体系的逐步完善，尤其是环境定价机制的完善和“两型社会”建设战略的实施，这种制度的设计缺陷将越发凸显。因此，转变扶贫思路，加强正向激励，建立脱贫长效机制，谋求“两型”发展，分步实施援助型贫困县向激励型贫困县的转型，已是当务之急。

为了减少改革的阻力，维持现有贫困县的既得利益，第一步是摘掉所有“贫困县”的帽子，对其冠以“两型社会发展县”，为下一步改革预留政策空间。相应地，各级扶贫办改名为“两型社会发展办公室”，行使“两型社会发展县”的评估、确立及相关管理职能。第二步是建立“两型社会发展县”评估和激励体系。除了人均收入、人均 GDP 和财政收入等经济指标外，评估体系还应增加资源禀赋、环境承载力等生态指标，以及“两型社会发展县”的贡献度指标，其中，经济指标用于评估经济困难程度，资源禀赋指标用于评估特色发展潜力，贡献度指标用于评估经济、社会、生态、文化贡献程度。中央原来的扶贫专项资金改设为“两型社会发展县”专项资金，制定“两型社会发展县”专项资金实施目标，支持此类地区的发展；根据专项资金总量和整体评估的结果，确定各县的资金投入重点和额度；对所投入的专项资金的使用流向、实施过程进行数据监测、结果评价及适时调控，确保专项资金实施目标的实现。第三步是根据“两型社会发展县”的发展特色将其纳入国家主体功能区建设规划，实现与国家总体规划的对接与整合。其中，如果应用“两型科技”扶贫（如合肥市高新区开展的“光伏扶贫”），则更有利于“两型社会发展县”的建设。

二、东部地区对中西部地区的支援

东部地区对中西部地区的援助在一定程度上弥补了中央对中西部地区扶持中存在的不足，减轻了中央的压力，建立了东部地区和中西部地区互惠、互利、互助的合作关系，促进了民族团结和社会稳定，对中西部地区“两型社会”建设战略的实施也具有重要的支撑作用。但是，在东部地区对中西部地区进行支援的过程中出现了法律法规不健全、实施机制随意性大、项目管理不当等问题，所以，政府部门应针对这些问题提出解决方案，提高东部地区对中西部地区支援的效益和效率，更有效地助推中西部地区“两型社会”建设战略的实施。

（一）完善“支援”法律制度体系

东部地区对中西部地区进行支援的过程中，相关法律制度体系起到了一定的规范、制约和激励作用，但是现有的“支援”法律制度体系内部由于存在相互矛盾和相互冲突的地方，因而造成其运作不相协调的问题，某种程度上削弱了整个支援行动的实施效果。所以，建立协调一致的“支援”法律制度是东部地区支援中西部地区进行“两型社会”建设的紧迫任务。首先，东部地区和中西部地区在制定相关的支援和被支援法规时，往往依据的是本地区的区情和实际状况，而忽视了宏观的协调，因此，东部和中西部地区应根据同一个问题，制定可相互协调和互补的法规，减少法律同构问题。其次，加大国家对法律法规制定过程中的宏观调控力度，确保对口支援相关法律法规的权威性和连续性，避免一次会议一个措施。最后，东部地区对中西部地区“两型社会”建设进行对口支援时，应找准市场经济规律和政府适度调控的结合点，建立和谐、统一的法律制度。

（二）建立高效的“支援”实施机制

第一，东部地区对中西部地区的支援项目应被纳入国家发展规划中去，将支援活动确定为国家发展战略之一，明确其地位和重要意义。每个时期的发展规划中要指出上一阶段支援活动取得的成果、存在的问题，吸取经验教训，并根据国情、区情和时情制定下一阶段的目标、方向、任务和措施，充分发挥中央政府在支援活动中的导向作用。

第二，建立高效的“支援”管理制度。首先，东部地区对中西部地区进行支援，最直接的手段是资金和物资的支援。不论是东部地区还是中西部地区，都应该建立专项资金账户和物资管理部门，实行专人专项管理。与此同时，相关部门应建立一个长期的资金和物资筹集机制，设立筹集机构，充分调动各企业支援中西部“两型社会”建设的积极性。其次，东部地区对于中西部地区进行支援，最实质的手段是人才和智力的支援。东部地区不仅要鼓励本地区的人才到中西部地区进行支援，还要积极支持中西部地区的人力资源积累，促使中西部地区当地人才数量的增加和水平的提高。

第三，加强支援项目管理。东部地区对中西部地区的支援项目，相当一部分会在中途夭折，主要的原因在于其前期筛选、中期支持和后续监督存在不足，因此支援项目的管理工作的加强和管理范围的扩大就显得尤为迫切。首先，支援项目在具体实施前应进行大量的调研活动，根据项目本身的经济效益、环境效益，结合中西部地区的配套设施建设状况，综合分析和模拟支援项目的可行性和“成活率”。其次，支援项目在实施过程中，东部地区应提供项目实施所必需的智力支持和实地指导及建设咨询。最后，支援项目完成后，东部地区应做好交接工作和项目运转的后续监督工作，并提供必要的后续升级和维护服务。

（三）建立“支援”的市场化运作机制

东部地区在对中西部地区的支援过程中，政府与政府的对口支援，往往并不能反映社会的真实需要，因而必须考虑到市场化的企业诉求。东部地区和中西部地区的政府应起到牵头的作用，构筑“政府搭台，企业唱戏”的平台，东部地区的企业对中西部地区的企业进行生产、技术指导，构建企业联盟，一对一教学，对企业现实存在的问题提出具有针对性的解决方案，有助于企业资源的最大化利用。

三、中西部地区自我造血功能的提升

国家政策的扶持和东部的支援，在一定程度上帮助了中西部地区，使得其社会经济得到了长足的发展。但总体上来说，对中西部地区的扶持和支援仍然处于“输血”阶段，“输血”式的扶持和支援只是一种外在的力量，难以形成中西部地区的持续发展能力，甚至会消解扶持和支援对象本身的危机意识和商业进取精神，不能在中西部地区“两型社会”建设战略的实施中充分发挥作用。随着市场经济的不断发展，中西部地区要想真正的振兴并可持续发展，必须在“输血”的同时培育自身的“造血”机能，这是中西部地区赶超东部地区的唯一出路。中西部地区要立足于自身的资源、劳动力和土地优势，吸取东部地区的经验教训，错位发展特色产业，奖励贫困地区奋发自强，构建本地区省、自治区和直辖市的联动发展机制，努力实现自我造血功能的提升，逐步缩小与东部地区的差距，在“两型社会”建设上跨越发展、后来居上。

在特色产业方面，首先要发展特色农业及农产品加工工业。中西部地区大多数省、自治区和直辖市土地资源、劳动力丰富，适合于发展劳动密集型和土地密集型的特色农业和农产品加工业，如大棚蔬菜、反季节蔬菜、特色牲畜等。同时，因地制宜，勤于创新，谋取产业链的延长，对农产品进行深加工，如罐头、干果、速食产品等，提高农业的经济效益。其次，要发展能源的深加工。中西部地区虽然能源丰富，但是如果不顾后果地大肆开采，势必影响经济的可持续发展和"两型社会"建设战略的实施。因此，中西部地区为了协调好经济发展和环境资源保护要求之间的关系，应充分利用自身的能源优势，改变原有在能源市场上的劣势地位，研发"两型技术"，延拓能源的加工深度，提高产品的附加价值以及资源的开采和利用效率，开采与保护并举，在注重生态效益的同时提高能源产品的市场竞争力。最后，要发展特色旅游业。中西部地区拥有丰富的旅游资源，而且旅游业作为劳动密集型的"两型产业"，可以有效促进中西部地区的经济发展，解决社会就业问题。但是，旅游业的发展也会不同程度地损害自然环境，因此，在发展特色旅游业的过程中应把握好开发的力度，对于已开发的旅游区应进行合理的环境维护①，特别是在旅游业用地上要严格控制和管理，最大限度地减少对耕地、牧区等宜耕宜牧土地的占用。

在脱贫机制上，要推动贫困地区自我造血。贫困不仅仅是财富的匮乏，更是自我造血功能不强的表现。如前所述，中西部贫困地区具备建立"两型社会"的基础条件，应转变扶贫思路，加强正向激励，注重贫困地区自我造血潜力的开发。中西部地区可以结合"两型社会"建设战略的实施，采取激励措施，激发贫困人口的奋发自强精神，钻研脱贫致富的"两型"路径，促使贫困地区抓住"两型社会"建设战略实施的机遇自我造血，彻底走出"贫困—'等、靠、要'—贫困"的怪圈，成为"两型社会"战略实施的生力军。

在协同发展方面，要构建本地区的联动发展机制。例如，中部四省长江中游城市群省会城市2013年签署了《武汉共识》，共谋融合发展。2014年2月再度签署了《长沙宣言》。在宣言中，合肥、南昌、武汉、长沙等四省会城市就"放大长江中游城市群的国家战略优势、建设具有国际竞争力的特大城市群、推动区域开放融合创新发展"等方面达成合作共识。四省会城市计划打造面向国际的新型战略高地，从国家战略高度

---

① 许进，王国强．美国"凤凰城"的崛起对我国西部开发的启示［J］．价格与市场，2004（5）：22.

重视发挥长江中游城市群的多重叠加优势，按照"核心带动、多极协同、一体发展"原则，在新型城市合作体系和利益协调机制的建立健全上下功夫，在省会中心城市高端服务和辐射引领功能的全面提升上做文章。在交通方面，《长沙宣言》中，四省会约定共同争取国家加强对四省会城市城际快速通道、跨长江通道、高速公路、重要客运枢纽设施、航空枢纽与配套支线、通用机场等设施的建设，构建长江中游环形综合立体交通运输网络。在产业发展上，四省会城市将合力争取国家重大产业专项布局，创建一批重要的战略性新兴产业基地和现代服务业集聚区，同时加快承接国内外高端产业和研发机构转移，共同争取国家支持四省会城市建设承接产业转移示范区。主导产业发展上，四省会城市未来将走差异化路线。同时，环境保护也将成为未来四省会城市融合发展的重要内容。《长沙宣言》中提到，四省会城市将建立环保联动机制，共同争取国家增加重大生态环境建设项目布点，在大气污染治理、土壤污染等方面深入推进合作，构建可持续发展的绿色生态城市群发展格局。在共同推进区域开放融合方面，《长沙宣言》约定，四省会城市将清理修订和完善四省会城市现有政策和各类法规，营造与规范的政策体系以及区域一体化发展的通行做法相适应的政务环境，共同打造公平有序的区域营商平台[①]。这样的绿色生态城市群不仅能够推进其自身的"两型社会"建设，而且可以辐射到周边城乡，带动相关地方的"两型社会"建设，同时也可为中西部地区"两型社会"战略实施提供联动发展机制的样板。

四、"三位一体"的协调机制

中西部地区"两型社会"建设战略的实施，需要中央的扶持、东部的支援和中西部地区自我造血能力的提升这三方面力量的互补相济、协同作用。它内在地要求建立这三方力量"三位一体"的协调机制。

这种机制的载体是能够协调三方面力量的组织机构。在国家层面，

---

① 《长沙宣言》勾勒区域合作三年计划［N］. 安徽经济报，2014-03-07；中部四省会签署宣言共建具有国际竞争力的特大城市群［EB/OL］. http：//ah. anhuinews. com/system/2014/03/02/006332935. shtml，2014-03-02.

可以依托中央政府有关部门（也可以考虑成立"区域管理委员会"之类的专门机构[①]），制定事关"两型社会"建设的区域经济发展与区域关系协调的规划、政策、规则，并负责具体执行；与地方政府合作，协调"两型社会"建设中不同地区利益主体间的分享与补偿关系，协调中央税收收入的转移支付，设立和统一管理专门的"两型社会"建设区域基金，约束有关部门和地方政府的区域资源的使用方向，以加大中央政府对中西部地区政策倾斜与扶持力度，激励中西部地区的"两型"发展及其贫困地区通过"两型"途径奋发自强；具体负责组织研究重大区域"两型社会"建设问题，实施全国性跨区域重大项目，以培育中西部地区自主创新能力和"两型社会"建设的生长点。在东部地区和中西部地区之间，应依托对口支援的组织机构，建立多层次、多形式的经济、技术、人才协作机制，将东部地区对中西部地区的支援，转化为中西部地区自主发展、"两型"发展的能力。在中西部地区，则应通过相关组织机构，有效利用中央的扶持和东部地区的支援，充分发挥各级各类"两型"创新平台和创新体系的作用，加快自主发展、"两型"发展的步伐。国家层面、东部地区与中西部之间的协调机制是中西部地区"两型社会"建设战略实施的启动力与推动力，而中西部地区自身的协调机制则是关键与根本。来自外部的种种扶持和支援，只有转化为自身的"造血"功能，形成自组织、自发展的能力，才能形成中西部地区"两型社会"建设永不衰竭的内在动力。

---

① 胡乃武，张可云．统筹中国区域发展问题研究［J］．经济理论与经济管理，2004（1）：10.

研究结论与创新点

任何战略的有效实施都需要建立相应的支撑体系。本书从科技、教育与人才，基础设施，产业政策，科技政策，教育与人才政策，消费政策，合作与协调等七个方面探讨了中西部地区“两型社会”建设战略的支撑体系，得出如下研究结论：

第一，科技、教育与人才体系在中西部地区“两型社会”建设战略的实施中起着基础性作用，中西部地区“两型社会”建设战略的有效实施须构建相应的“两型”科技、教育与人才支撑体系。其中，科技支撑体系是关键，教育支撑体系是根本，人才支撑体系是核心。

“两型科技”支撑体系构建应当营造有利于“两型科技”创新的良好社会文化氛围，发挥政策对“两型科技”创新的引导作用，推动生产方式和生活方式的深刻变革，加快“两型科技”创新服务体系建立健全的步伐。建设的重点在于，通过官产学研的有机结合，完善“两型科技”创新体系，提高科技持续创新能力；通过科技创新促进产业结构升级，立足自主创新，培育创新主体，极力打造“产业自主创新集群”，推进创新集约化。主要内容包括建设和完善“两型科技”研发平台、成果转化与推广平台、合作与技术转移平台。

“两型教育”支撑体系构建应当按照“优化结构、分类指导、服务需求、系统推进”的思路，因应“两型社会”建设的需求，优化各类学校的教育内容结构和人才培养定位，完善分类管理系统、法律制度系统和经费投人系统，着力建设科研支撑系统、师资队伍建设系统和学生职业发展系统，关注学校教育系统与政府和社会的协同。建设的重点在于，注重中西部地区学校在构建“两型社会”教育中的基础作用，明确中西部地区政府在推进“两型社会”教育中的主导作用，发挥社会媒体在“两型社会”教育宣传普及中的引导作用。主要内容包括义务教育、职业教育和高等教育的“两型”化改革。

“两型人才”支撑体系构建要坚持以科学发展观为指导，紧紧围绕中西部地区“两型社会”建设战略，聚焦关系“两型社会”发展全局的科学技术群、“两型产业”、重点发展领域和项目，制订专项人才开发配置方案，强化政策措施，实施重点规划、重点投入、个性化服务，通过需求带动，加快中西部地区“两型社会”人才队伍的建设步伐。建设的重点在于，编制《中西部地区“两型人才”需求目录》，加快高校学科专业布局调整，整合学科专业设置，建立专业退出机制，加快对传统产业专业技术人才的培训和再教育，立足本地教育资源，创新“两型人才”培养模式。主要内容包括“两型人才”的培养、选拔任用和激励。

第二，基础设施建设是中西部地区新型城镇化和经济社会发展提质增效的必要条件。中西部地区“两型社会”建设战略的有效实施需要以基础设施建设为突破口，通过大力发展适应“两型社会”需求的基础设施，以交通、水利、电网、信息以及环境基础设施为建设重点，推动新型城镇化、新型工业化、信息化和农业现代化的发展，实现资源节约、环境友好的目标。

“两型社会”视角下中西部地区基础设施建设的过程中面临交通、水利、能源与电网、信息、资源与环境基础设施建设滞后的现状，以及基础设施的平均发展水平依然较低、供给结构与需求结构不相匹配、区域布局不尽合理等问题。因此，中西部地区要根据区情和“两型社会”建设的要求，有重点地发展交通基础设施体系、水利基础设施体系、能源与电网基础设施体系、信息基础设施体系以及环境基础设施体系，并从规划、建设、运营管理三个环节系统思考“两型社会”基础设施发展的对策。具体而言，基础设施规划的对策有：建立统一协调的规划组织机构，建立民主科学的规划修编与决策制度，强化项目实施的法律法规问责体制；基础设施建设的对策有：坚持节能环保、生态优先原则，重视区域自主创新成果带入基础设施建设，推进基础设施建设共建共享；基础设施运营与管理的对策有：设立专门的运营监管机构，建立多元化的融资渠道和合理的运营利益分享机制，采用适当的基础设施折旧方法。

第三，“两型产业”政策是支撑中西部地区“两型社会”建设战略实施的核心政策。经济是社会可持续发展的保障，产业是区域经济发展的核心。“两型社会”建设的核心理念是追求经济与社会及生态的协调发展，这就要求建立健全“两型产业”政策，以加快中西部地区“两型产业”的发展及其体系的形成，实现经济效益与社会效益、生态效益相统一的美好目标。

现行“两型产业”政策主要包括“两型产业”组织政策、结构政策、布局政策和技术政策，它们业已在中西部产业结构转型升级、资源利用率提高以及对环境污染减少等方面发挥了一定作用，但其还存在着诸多涵盖缺陷和功能缺陷，难以从根本上抑制“两高一资”型产业的运营，不利于“两型产业”的成长和长远发展。中西部地区未来“两型产业”发展的重点应是大力发展现代服务业和现代制造业，努力提高农业现代化水平，需要从现有政策的改进、补充、侧重点变革和有效执行等方面进行“两型产业”政策的完善，做好“两型产业”的布局规划及其重大项目规划，促进“两型产业”的培育和成长，建立、完善高能源消耗、高资源消耗、高污染、粗加工企业的退出机制和“两型产业”发展的导向机制。

第四，科学技术贯穿于“两型社会”建设的各方面和全过程，没有健全、完善的科技政策作支撑，“两型社会”建设的目标将难以实现。要构建和完善具有中西部地区特色的“两型科技”政策，促进“两型科技”研发和产业化，增强自主创新能力，以科技创新来驱动中西部地区“两型社会”建设战略的实施。

目前，我国已初步建立了“两型科技”政策体系框架，中西部地区特别是在“两型社会”建设综合配套改革试验区也出台了一些与“两型科技”相关的政策，并在实践中得到了一定的应用，但其存在着涵盖缺陷和功能缺陷，针对“两型科技”发展的专门政策和综合性基础政策缺位，既有政策的可操作性不强，执行力度不够，执行效果欠佳。中西部地区的“两型科技”整体水平较低，管理水平相对落后，成果的产业化水平不高。中西部地区需要针对“两型科技”政策体系及其执行中存在的问题，结合各区域“两型科技”创新的侧重点，建立“两型科技”研发和应用的财政补贴政策及成果转化推广制度，建立对“两型科技”发展具有激励作用的资源和环境定价制度，完善与“两型科技”发展相关的税收制度和技术标准体系。

第五，"两型社会"建设需要教育和人才的系统跟进，而"两型教育"的发展和"两型人才"的培养和使用又需要相应的政策体系的支撑。因此，建立健全中西部地区"两型教育"和"两型人才"政策体系，在其"两型社会"建设战略的实施中不可或缺。其关键在于将资源节约和环境友好思想融入已有的教育和人才政策体系中，相互补充、相互渗透，优化教育和人才政策环境，以充分发挥教育和人才在"两型经济"发展中的支撑和带动作用。

现行"两型社会"教育与人才政策在中西部地区的执行中取得了一定的成就，为"两型社会"的发展提供了各类人才，与东部地区的教育发展差距缩小，"两型"思想得到了一定的传播和普及；但也存在一些问题，"两型教育"和"两型人才"政策的执行力度有待进一步加大，人才激励与约束机制有待进一步完善，人才分布结构不尽合理的状况有待进一步改善。中西部地区要完善"两型社会"教育政策及其制定机制，将"两型社会"理念渗透到各种教育与培养模式之中，加大"两型教育"政策的宣传力度、执行及其监督力度；要因应中西部地区的实际需求，完善"两型社会"的人才开发政策和紧缺人才的引进政策，强化市场化人才流动配置体系与政府宏观引导和服务的结合。

第六，现代市场经济是一种消费者权益至上的经济体系，生产结构对消费结构具有决定意义，消费模式的变革将拉动产业结构和生产方式的创新，而消费结构和消费模式的改变又离不开消费政策的引导。因此，中西部地区要建立健全"两型消费"政策，引导个人消费者、企事业单位和政府自身的消费结构，构建"两型消费"模式，拉动社会经济发展方式的"两型"化转变，支撑"两型社会"建设战略的实施。

现行"两型消费"政策主要有环境产品认证制度、政府绿色采购制度、以旧换新政策、"三绿工程"等，它们在改变主体消费结构、促进"两型消费"和社会经济发展方式的"两型"化转变中的效果业已彰显。但仍具有较大的改进空间，政策自身还存在多层次法律框架尚未建立、绿色标志制度尚未健全、绿色税制尚不完善等涵盖缺陷，以及绿色、低碳、节约、生态价值观尚未深入人心，政府有关部门示范作用尚未充分发挥，有效供给的绿色消费市场尚未建立等功能缺陷；政策的执行力度和效果也不太理想。中西部地区要针对这些问题完善其“两型消费”政策。对于个人消费者而言，“两型消费”政策要扩大、细化到人们衣食住行的各个方面和诸多细节，最大限度地抑制奢侈浪费、豪华气派、攀比炫富、排场过度等非“两型消费”方式，倡行“两型消费”模式，督促人们从小事做起，从个人做起，为“两型社会”建设多做贡献；同时要通过宣传教育的途径予以普及，让人们厘清、理解政策的内涵和意义，提高运用政策的自觉性和执行力，从而提升政策的执行效果。对于企业而言，因其既是生产资料的消费者，又是个人消费品的提供者，所以面向企业的“两型消费”政策的完善包括有效激励其积极研发绿色产品，制定合理的绿色产品价格，疏通绿色产品的销售渠道。对于政府而言，因其既是政策的制定者，又是政策的执行者，所以它既要承担健全各种政策、机制，规范“两型消费”市场的职责，又要模范践行绿色采购政策，厉行节约，彰显政府在“两型消费”中的示范效应。

第七，区域间合作与协调体系是中西部地区“两型社会”建设的重要助推器。中西部地区与东部地区的区位优势具有互补性，其合作具有必要性和可行性。要建立中西部地区与东部地区优势互补的“二元互换”体系，构建中央对中西部地区的扶持、东部地区对中西部地区的支援、中西部地区自我造血功能的提升“三位一体”体系，以对中西部地区“两型社会”建设战略形成有力支撑。

我国东部地区利用率先开放的有利条件和良好的区位优势，在经济、政治、科技、文化等方面都取得了快速的发展，中西部地区则拥有丰富的矿产资源优势、土地优势和劳动力优势，相互之间具有较强的互补性。中西部地区与东部地区要本着互惠互利、优势互补、联合发展的原则，按照市场经济的客观规律，通过产业转移、技术转让、联合、联营、合作等形式，发挥各自的优势。东部给予中西部地区资金、技术、人才、信息、管理等方面的支持，而中西部地区则向东部地区输送资源、劳动力等生产要素，既有利于支持和带动中西部地区“两型社会”的发展，也为东部地区的发展拓展更大的空间。在产业转移与联营中的“二元互换”方面，既要制定政策加大产业转移引导力度，又要健全要素市场，壮大资本市场，完善产权交易市场，以提高转移产业的“成活率”。在技术转移与合作中的“二元互换”方面，既要完善技术转移体系，又要加快技术转移行为的法制化进程，还要关注“两型技术”转移示范机构建设及其示范推广作用的发挥。

同时，要综合利用中央的扶持、东部的支援和中西部“自我造血”能力的提升这三方力量，协同推进中西部地区“两型社会”建设战略的实施，即构建“三位一体”的支撑体系。如果说中央的扶持、东部的支援是中西部地区“两型社会”建设的外部推动力，那么中西部自我造血功能的提升则是更关键的内在驱动力。来自外部的扶持和支援，只有转化为中西部地区自身的造血功能，形成自组织、自发展的机制，中西部地区“两型社会”建设才能富有永不衰竭的内在动力。

本书可能的创新点主要有：

第一，研究提出了中西部地区“两型社会”建设战略支撑体系的内容框架。本书认为中西部地区“两型社会”战略包括“七大子支撑体系”，即：产业支撑体系，人口、城镇化及消费支撑体系，科教支撑体系，人才支撑体系，基础设施支撑体系，政策支撑体系，合作与协调支撑体系。考虑到产业支撑体系和人口、城镇化、消费支撑体系主要属于“战略”内在要素支撑层面，本团队设有专门的课题组予以研究，其成果也将独立成书，纳入“生态文明与资源节约型和环境友好型社会建设丛书”另行出版，为避免丛书内容重复，本书遂将其略去，不再赘述。另一方面，从谋篇平衡考虑，在“七大子支撑体系”中，因科技与教育、人才具有高度的关联性，故而将三者整合在一起加以研究；因政策支撑体系的涉及面广、内容较多，故而将之分解成“两型产业”政策、“两型科技”政策、“两型”教育与人才政策、“两型消费”政策予以研究。这样，本书研究的重点就包括七个方面，即：科技、教育与人才支撑体系；基础设施支撑体系；“两型产业”政策；“两型科技”政策；教育与人才政策；“两型消费”政策；合作与协调支撑体系，主要关涉中西部地区“两型社会”建设战略支撑体系的条件支撑层面。

第二，研究提出了中西部地区基础设施宜采用加速折旧的政策建议。从国际经验来看，大多数发达国家曾经使用折旧政策来促进产业发展，但我国目前尚未充分利用该项政策。中西部地区基础设施建设较为落后，需从“两型社会”建设战略的要求出发进行规划、实施和运营，建立和实行中西部地区包括加速折旧在内的基础设施和基础工业特别折旧制度，不断增强其自我积累和自我发展能力。

笔者认为，人均基础设施折旧对人均基础设施投资有显著的正向促进作用。目前，东部地区基础设施投资最多、科技进步最快，而中西部地区基础设施投资较少、科技进步慢。从“两型社会”建设的要求看，东中西部地区都应该采取加速折旧，人均基础设施折旧增加会使“两型科技”进步加快，促进基础设施的“两型”化。但从基础设施折旧与科技进步的因果关系看，东部地区、中西部地区的基础设施折旧与科技进步有不同的因果关系。东部地区在我国的科技进步程度最高，人均基础设施折旧可以不增加，即可以不采取加速折旧。而在中西部地区，科技进步加快后，人均基础设施进行加速折旧，即增大实际人均基础设施折旧，进而可更快促进科技进步①。因而在政策上，中西部地区采用加速折旧法，东部地区仍然采用直线折旧法，将有利于缩小东部地区同中西部地区人均基础设施投资的差距，并加快中西部地区的科技进步与经济增长方式转型。但需要注意的是，我国基础工业行业大多是资本密集型行业，其特点是能耗大、污染大，如果更新的固定资产仍然是高能耗、高污染的，那么我们的生态环境会加剧恶化。因此，在采用加速折旧政策的同时，所更新的固定资产应当符合建设“两型社会”建设的目标②，大量采用低能耗、低污染的技术，逐步淘汰落后产能。

第三，研究提出了改革企业所得税分享制度的政策建议③。我国自1994 年开始实施的分税制财政管理体制，对于理顺中央与地方的分配关系，调动中央、地方两个积极性，保证财政收入和增强宏观调控能力，

---

① 黄志斌，郭亚红．基础设施折旧与基础设施投资及科技进步关系的实证研究［J］．华东经济管理，2013（9）：165-168.

② 黄志斌，郑滔，李绍华．资本折旧政策对投资影响的区域差异研究——以基础工业行业为例［J］．审计与经济研究，2014（2）：58-66.

③ 黄志斌，张先锋．改革企业所得税分享制度促进“两型社会”建设［G］//国家社科基金《成果要报》汇编（2010 年），北京：社会科学文献出版社，2011：300-304.

发挥了积极作用。21 世纪以来，随着我国经济总量不断增长，资源环境对经济发展的制约越来越突出。中西部地区实施“两型社会”建设战略，既是我国实现区域协调发展的必然选择，也是贯彻落实科学发展观、全面建成小康社会、构建社会主义和谐社会和生态文明的根本要求。现行企业所得税分享制度在调动中央和地方两个积极性，保证财政收入和增强宏观调控能力的同时，也与“两型社会”建设存在一些矛盾，即：地方追求经济快速增长和税收增加与“两型社会”建设的矛盾；地方政府行为短期化与“两型社会”建设的矛盾；中央政府与地方政府对企业相关信息及所得税支配权的不对称与“两型社会”建设的矛盾；地方资源环境相关支出和受益的不匹配与“两型社会”建设的矛盾。为此，需要通过制定“两型企业”认定办法和分类标准，调整现行企业所得税分享比例及“两型企业”的税收激励政策，完善地方政府的税收激励政策，改革现行企业所得税分享制度，规范和健全财政转移支付，以充分调动中西部地区地方政府和企业自主参与建设“两型社会”的积极性，更好地促进“两型社会”建设。同时考虑到中西部地区的历史贡献和现实需要，中央在转移支付时可以对中西部地区予以扶持，着力推进中西部地区“两型社会”建设战略的实施。

第四，研究提出了推进援助型贫困县向激励型贫困县转型的政策建议。目前，“贫困县”制度已遭遇现实困境。由于贫困人口分布状况的改变、经济发展机制以及社会心态的变化，“贫困县”制度设计缺陷和负面作用日益凸显。鉴于贫困地区具备建立“两型社会”的基础条件，以及贫困地区所做出的特殊贡献，应转变扶贫思路，加强正向激励，在不触动“贫困县”既得利益的前提下，逐步淡化“贫困县”称号，实施增量式改革，设立“两型社会发展县”。现行“贫困县”制度及相关政策的导向是重“贴补”轻“激励”。为防止“扶贫”蜕变为养懒或落入“贫困陷阱”，建议加强对贫困地区“两型社会发展”的正向激励，建立“两型社会发展县”评估和激励体系，将扶贫资金改为“两型社会发展”专项资金，并制定相应的实施目标，以激发其自主发展的积极性和创造性。具体的政策措施可以分三个步骤实施：首先，通过对各地资源禀赋、产业基础、环境承载力的评估，建立“两型社会发展县”制度，将各级扶贫办挂牌为“两型社会发展县办公室”，兼职行使“两型社会发展县”的评估、确立及相关管理职能。其次，建立“两型社会发展县”评估和激励体系。评估体系中除了人均收入、人均 GDP 和财政收入等经济指标外，还应增加“两型社会发展县”的贡献度指标，其中，经济指标用于评估经济困难程度，贡献度指标用于评估经济、社会、生态、文化贡献程度。政策激励方面包括：设立“两型社会发展县”专项资金，制定“两型社会发展县”专项资金实施目标，支持此类地区的发展；根据专项资金总量和整体评估结果，确定各县的资金投入额度；对所投入的专项资金的使用流向、实施过程进行数据监测、结果评价及适时调控，确保专项资金实施目标的实现。最后，将“两型社会发展县”纳入国家主体功能区建设规划，实现与国家总体规划的对接与整合。

第五，研究提出了推动新型城镇化改革，实现城镇发展转型的对策建议。目前我国的城镇化正面临重要的战略抉择，积极稳妥地推进新型城镇化改革和城镇化发展转型，需要在以下四个方面着力①：

一是要扭转“造城运动”，推动城镇建设集约化。城镇化的本质应当是人的城镇化，即农业人口的市民化。但一些地方政府却本末倒置，片面追求土地城镇化，大搞形象工程、政绩工程。这在很大程度上跟我们的官员选拔、任用制度有关。一些地方政府经营城镇热情过高，并将经营城镇的兴奋点维系在经营土地上，把土地增值作为实现政府利益和官员政绩的捷径。另外，更深层次的原因是我国的城乡二元土地制度、过低的征地成本有利于地方政府经营土地、推动造城运动。要实现城镇建设集约化，控制城镇物理空间过度扩张，就得深化土地产权制度、定价制度改革。可以按照试点先行、逐步推广的思路，尝试以股份合作制形式把农村集体土地所有权量化到农户个体，将农民的土地物权由抽象的身份权转变为实在的财产权，“还权赋能”于农民。逐步建立城乡统一的土地市场制度，形成土地的合理定价，使入镇进城农民的土地权益得以落实，创业启动资本得以增加。

① 黄志斌，范进，赵定涛．推进新型城镇化改革，实现城镇发展转型［G］//国家社科基金《成果要报》汇编（2013 年），北京：学习出版社，2014：57-60.

二是要完善城镇基础设施，推动城市发展智慧化。基础设施建设事关民生需求、城市安全和人居环境，是城镇化和经济发展提质增效的必要条件。要实现城镇发展智慧化，应把城镇地下管网建设作为民生工程的首要任务，并建立地下管网数字化管理平台和信息共享机制。管网建设要有前瞻性，要考虑城镇地下管网走向、容量，对城镇发展做出科学预测，避免地下管网与城镇发展不相适应。针对中小城镇基础设施薄弱的问题，城镇化建设的重心要下移，在有条件的地方要加快镇级市试点。给镇以城市的发展权，完善镇的城市功能，提高镇聚集人口和发展经济的能力。同时，需要进一步改革投融资体制，形成新的城镇建设机制。突破国家建设、居民享受的政府单一投资体制，创建政府、社会、企业、居民、外引相结合的多元投资体制。逐步改变城镇建设收益小于城镇建设成本，以及政府投资得不偿失的不均衡状态。

三是要多管齐下治理污染，实现城镇绿色低碳化。在经历城镇化“粗放式”增长之后，新型城镇化应当更加注重节地、节能和生态环保。应通过立法，设立城镇禁止开发生态核心区、核心带，打造现代城镇宜居软环境；大力发展绿色产业，提高城镇综合承载能力和资源利用效率。建设绿色低碳城镇，还需要建立、完善城镇节能减排制度，如城镇排污权交易制度、节能补贴制度等。要加快城镇的人文文明建设，重视进城人口的市民化“心理空间”建设，提高城镇人口的综合素质，缩小不同社会阶层的心理距离，建设和谐、宜居的“两型”社区新型城镇。

四是要多种制度联动改革，实现城镇公共服务均等化。农民工是我国改革开放过程中形成的特殊群体，为我国经济发展做出了历史性贡献。如何从根本上改变农民工流动不定、缺少关爱、逐步被边缘化的生存状态，使之能够总体稳定、共享发展成果，是对党的执政能力和政府管理能力的重大挑战，其关键在于城镇公共服务的均等化。城镇公共服务均等化的主旨就是保证流动人口及其家庭可以享受与城镇户籍居民相同的公共服务和权益保障，包括住房保障、子女教育、医疗保障及社会保障等方面。实现城镇公共服务均等化，需要多种制度联动改革。要加快对城乡二元户籍制度的改革步伐，在人口流动制度上逐步确立身份证管理的核心地位，让城乡居民享有户籍上的平等，使农民入镇进城安家落户的身份障碍问题得以解决。要加快劳动就业制度的改革步伐，破除城镇的保护主义，赋予和保护农村居民自由择业的权利及劳动权益，统筹建设城乡就业信息网络中心，及时公布全国农村剩余劳动力的供求信息，促进全国统一劳动力市场的形成，让城乡公民享有就业机会上的均等，使农村居民入镇进城的就业障碍问题得以解决。要加快福利保障制度的改革步伐，在住房、医疗、养老等福利保障方面逐步减少原有城镇居民的特权，推进和谐社区的建设，让农村居民入镇进城后与原有城镇居民享有福利上的平等，使农村居民入镇进城的利益障碍问题得以解决。此外，通过前述土地制度改革，实现农村土地增值，并从中划分出一部分，建立农民入镇进城的保险基金，使农村居民入镇进城的风险之忧问题得以解决。

中西部地区现已进入快速工业化和城镇化时期，中央的政策扶持，将促进中西部地区加快城镇化的改革与转型，加快中西部地区“两型社会”建设战略实施的进程。中央政策对中西部地区城镇化扶持的着力点以及中西部地区城镇化的发展方向当然是提质增效、资源节约和环境友好有机统一的新型城镇化建设，或即中西部地区“集约、智慧、绿色、低碳”的新型城镇化建设。

参考文献

［1］包海芹．教育政策的特点分析［J］．教育学术月刊，2011（1）：3-6.

［2］陈少林．西部大开发的水利需求及发展战略研究［D］．青岛：中国海洋大学，2011.

［3］陈解放．基于中国国情的工学结合人才培养模式实施路径选择［J］．中国高教研究，2007（7）：52-54.

［4］陈锡安．构建国家人才政策体系的思考［J］．理论前沿，2004（4）：59-62.

［5］程萍．建立推动可持续发展的“可持续科技创新”评价体系构想［J］．武汉大学学报（社会科学版），2003（5）：307-312.

［6］陈好丹．绿色技术创新和制度创新问题研究——以福建省为例［D］．福州：福建师范大学，2006.

［7］杜建军．贵州构建资源节约型消费模式探讨［J］．贵州社会科学，2007（2）：148-150.

［8］董彦龙．绿色消费模式的构建与制度安排［J］．商场现代化，2005（22）：216-217.

［9］董建蓉，李文生．论我国西部地区承接东部产业转移的有利条件［J］．经济体制改革,2011（5）：44-47.

［10］丁芸．我国环境税制改革设想［J］．税务研究，2010（1）：45-47.

［11］冯南平．循环经济的若干运行模式及其政策支撑体系研究［D］．合肥：合肥工业大学，2008.

［12］简新华，叶林．论中国的“两型社会”建设［J］．学术月刊，2009（3）：65-71.

［13］贾华强，崔丁化．构建“两型社会”消费模式——学习贯彻十七届五中全会《建议》精神系列党课之四［J］．党课参考，2011（2）．

［14］洪艳．“两型社会”视角下湖南产业集群探析［J］．湖南社会科学，2008（3）：107-112.

［15］湖北省发展和改革委员会．坚持以科学发展观为指导，不断推进武汉城市圈“两型社会”建设综合配套改革试验区建设［J］．四川改革，2008（5）．

［16］黄锡生，张雪．建设资源节约型环境友好型社会中政府行为的规制研究［J］．重庆大学学报（社会科学版），2007（3）：91-96.

［17］海鸣．两型社会消费引导作用和性质的探讨［J］．福建论坛（人文社会科学版），2012（2）：40-43.

［18］禾田．区域互动与我国区域经济协调发展［D］．武汉：武汉理工大学，2007.

［19］黄志斌，林哲明．基于“两型社会”视角的企业所得税分享制度改革研究［J］．合肥工业大学学报（社会科学版），2012（2）：1-5.

[20] 许俊杰，宋仁霞．构建资源节约型社会的评价体系［J］．统计研究，2008（3）：110-111.

[21] 国家发改委．水利发展规划（2011—2015）［R］．2012.

[22] 高萍，计金标，张磊．我国环境税税制模式及其立法要素设计［J］．税务研究，2010（1）：36-40.

[23] 高倩，王远，贺晟晨，等．绿色消费研究进展及政策分析［J］．生态经济，2008（10）：57-63.

[24] 高春倩．绿色消费呼唤绿色营销［J］．经济研究导刊，2007（5）：105-106.

[25] 管向前．论“十二五”时期中国人才事业的发展方向［J］．经济研究导刊，2012（7）：103-104.

[26] 郭建，孙惠．浅谈环境友好型消费模式及其构建［J］．农业现代化研究，2011（4）：449-452.

[27] 郭晓刚．低碳消费模式的内涵及构建［J］．人民论坛，2012（8）：82-83.

[28] 李和中，方国威．“大部门体制”：地方政府规模与结构优化的逻辑选择［J］．学习与实践，2009（9）：62-66.

[29] 李飞龙，李贵龙，吴世园．长株潭两型社会建设科技自主创新体系研究［J］．湖南大学学报（社会科学版），2010（4）：156-160.

[30] 李媛媛．大连市高层次人才引进问题和对策研究［D］．大连：大连理工大学，2012.

[31] 梁志峰．长株潭城市群“两型社会”建设中基础设施共建共享之湘潭对策研究[J]．湖南科技大学学报，2009（3）：115-123.

[32] 李忠．长株潭试验区两型社会建设调研报告［J］．宏观经济管理，2012（2）：53-55.

[33] 刘修军．区域产业转移与中国西部地区产业结构调整［D］．青岛：青岛大学，2009.

[34] 李燕，张颖春．我国综合配套改革试验区建设的经验探索与启示［J］．中国党政干部论坛，2009（12）：52-54.

[35] 李厚刚．可持续城市化支撑体系研究［D］．武汉：武汉理工大学，2011.

[36] 刘源源，刘云国．“两型社会”资源节约技术进步类型与选择策略［J］．求索，2009（9）：40-42.

[37] 卢于明．两型社会背景下利川城乡资源与环境可持续发展研究［D］．武汉：华中科技大学，2008.

[38] 李会太．促进我国企业实施绿色管理的战略与对策［J］．生态经济，2007（8）：95-100.

[39] 刘志红. 我国中西部地区人才回流的可行性及对策研究 [D]. 太原：山西财经大学，2006.

[40] 李勇，韩兰娟，周谊. 生态道德教育模式的弊端与改进 [J]. 教学与管理，2011 (21)：9-10.

[41] 刘海滨，杨颖秀. 我国教育政策风险评估问题及消解策略 [J]. 现代教育管理，2011 (12) .56-59.

[42] 李晓强. 论超国家教育政策的功能——以欧盟的教育政策为例 [J]. 比较教育研究，2007 (11) .75-78.

[43] 刘建军. 对口支援政策研究——以广东省对口支援哈密地区为例 [D]. 乌鲁木齐：新疆大学，2007.

[44] 李周炯. 中国环境政策执行存在的问题及对策 [J]. 国家行政学院学报，2009 (4)：108-112.

[45] 马树超，范唯，郭扬. 构建现代职业教育体系的若干政策思考 [J]. 教育发展研究，2011 (21)：1-6.

[46] 民建中央专题调研组. 推进我国能源价格形成机制的改革创新 [J]. 中国经贸导刊，2009 (4)：31-33.

[47] 孟洋，刘新芳. “两免一补”教育政策执行效果分析 [J]. 前沿，2012 (7)：18-25.

[48] 梅昌新. 促进武汉城市圈“两型社会”建设的税收对策及措施 [J]. 税务研究，2008 (12)：61-63.

[49] 彭新宇. 湖南省农村“两型社会”建设的路径选择及体制机制创新 [J]. 湖南社会科学，2011 (4)：101-105.

[50] 秦鹏. 消费问题：环境问题的另一种解读 [J]. 中国人口·资源与环境，2008 (4)：128-133.

[51] 瞿理铜，高升. 区域创新视域下的“两型”区域经济发展 [J]. 湖南工业大学学报 (社会科学版)，2011 (6)：73-75.

[52] 世界环境与发展委员会. 我们共同的未来 [M]. 长春：吉林人民出版社，1997：53-80.

[53] 宋彩风. 创新型人才培养体系研究 [D]. 青岛：中国石油大学，2010.

[54] 省政府研究室（发展研究中心）调研组. 长株潭城市群“两型社会”建设调研报告 [R]，2009-12-23.

[55] 丁芸. 我国环境税制改革设想 [J]. 税务研究，2010 (1)：45-47.

[56] 宋本江. 两型社会建设与人才资源开发关系研究 [J]. 求索，2011 (4)：77-78.

[57] 唐龙，张家源. 基于科技创新与发展方式转变的研发平台能力提升研究 [J]. 探索，

2013（3）.
[58] 唐仁华，朱晓．加强平台建设、促进成果转化［J］．科技进步与对策，2003，20（12）：80-81.
[59] 唐丁丁．开展低碳产品认证引领可持续消费［J］．环境保护，2010（16）：32-34.
[60] 王书明．环境社会与可持续发展：环境友好型社会建构的理论与实践［M］．哈尔滨：黑龙江人民出版社，2008.
[61] 王海文．积极推进两型社会的人才制度建设［J］．理论学习，2012（3）：52-57.
[62] 王任飞，王进杰．我国基础设施发展现状评析［J］．经济研究参考，2006（38）：2-13.
[63] 吴焕新，彭万力．“两型社会”建设的经济发展战略选择与对策思考［J］．湖南社会科学，2008（5）：96-101.
[64] 王冰，张健．两型社会消费的界定、内容与意义［J］．经济研究，2011（3）：24-28.
[65] 万以诚，万赋选．新文明的路标——人类绿色运动史上的经典文献［C］．长春：吉林人民出版社，2000.
[66] 魏晓．论中部地区在中国可持续发展中的独特功能［J］．人文地理，2005（1）：126-128.
[67] 肖思思，黄贤金，濮励杰，等．资源节约型社会发展综合评价指标体系及其应用——以江苏省为例［J］．经济地理，2008（1）：118-123.
[68] 白永秀，严汉平．西部地区基础设施滞后的现状及建设思路［J］．福建论坛（经济社会版），2002（7）.
[69] 薛红燕，王成．论适合我国国情的循环消费模式［J］．学术交流，2010（10）：88-91.
[70] 尹世杰．消费环境与消费和谐［J］．消费经济，2006（10）：1-3.
[71] 倪琳．基于“两型社会”建设的可持续消费模式研究［D］．武汉：华中科技大学学位论文，2010.
[72] 袁江顺．基于“两型社会”背景下湖北省高等职业教育发展对策研究［D］．武汉：华中农业大学，2009.
[73] 游达明，马北玲，胡小清．两型社会建设水平评价指标体系研究——基于中部地区两型社会建设的实证分析［J］．科技进步与对策，2012（4）：107-111.
[74] 杨艳琳，占明珍．中部地区的资源与环境管理制度创新研究［J］．学习与实践，2009（7）：15-20.
[75]《长沙宣言》勾勒区域合作三年计划［N］．安徽经济报，2014-03-07.
[76] 尹向东，刘敏．加速构建资源节约型、环境友好型消费方式［J］．消费经济，2012

(1)：12-14.

[77] 余子英，朱培武，蒋建平，等．我国绿色认证的现状及对策建议［J］．产业与科技论坛，2011（12）：32-34.

[78] 叶儒霏，陈欣然，余新炳，等．影响我国科技资源配置效率的原因及对策分析[J]．研究与发展管理，2004（5）：113-118.

[79] 张磊，黄锡生．“两型社会”视阈下我国环境监管能力建设的制约因素及消解思路［J］．河北法学，2011（7）：188-193.

[80] 朱青梅，李军．论现代生态环境下的消费模式选择［J］．理论学刊，2005（1)：69-71.

[81] 赵静，曹伊清，尹大强．“两型社会”建设环境指标体系研究［J］．中国人口·资源与环境，2010（3）：245-248.

[82] 周志田，杨多贵，康大臣．中国可持续发展科技支撑体系建设的战略构想．科学学研究，2005（12）：78-60.

[83] 张盛仁，田寿永．高等职业教育与“两型社会”建设［J］．理论月刊，2008（7）：92-94.

[84] 郑佐国．湖南省“两型”社会发展中基础设施融资方式研究［D］．长沙：中南大学，2010.

[85] 朱有志．论“两型社会”综改区城乡统筹中的机制创新［J］．湖南社会科学，2008（5）：135-138.

[86] 赵文秀．资源节约型、环境友好型社会建设研究——以长株潭城市群为例［D］．重庆：重庆大学，2009.

[87] 中华人民共和国国民经济和社会发展第十二个五年规划纲要［N］．人民日报，2011-03-17（1）.

[88] 张家军，杨浩强．我国教育政策的城乡差异及其伦理反思［J］．教育理论与实践．2012（19）.16-20.

[89] 张榆琴，李学坤．消费主义的困境与环境友好型消费模式的构建［J］．湖北经济学院学报，2012（4）：46-47.

[90] 周丽梅，周耀烈．建立循环型消费模式的对策研究——以宁波市为例［J］．商业研究，2008（4）：35-36.

[91] 赵立华．要大力倡导绿色消费［J］．市场经济纵横，2007（6）：40-41.

[92] 张笑．长株潭两型社会科技政策体系的构建研究［D］．长沙：湖南大学，2009.

[93] 中华人民共和国国民经济和社会发展第十二个五年规划纲要［EB/OL］. http://www.gov.cn/2011lh/content_1825838.htm，2011.3.16.

[94] 任勇，周国梅，陈燕平．从我国国情探索循环经济的发展模式［N］．中国环境报，

2005-05-24（3）.

[95] 株洲市两型社会建设发展战略研究（摘要）[EB/OL]. http://www.zhuzhou.gov.cn/sitepublish/sitel/gov/jhgh/ghgs/content_ 52419.html，2009-07-15.

[96] 刘庶明. 资源型城市生态化转型路径 [EB/OL]. http://www.chinaneast.gov.cn/2012-11/09/c_ 131962658.htm，2012-11-09.

[97] 中共湖南省委. 湖南省人民政府关于加快经济发展方式转变推进"两型社会"建设的决定 [EB/OL]. http://www.hunan.gov.cn/zhuanti/shlxzt/wjjd/201104/t20110407_330726.html，2011-04-07.

[98] 张在峰. 如何推动"两型"产业发展 [N]. 中国环境报，2011-11-21（2）.

[99] Angelo Antoci, Simone Borghesi, Paolo Russu. Environmental protection mechanisms and technological dynamics [J]. Economic Modelling, Volume 29, Issue 3, 2012: 840-847.

[100] Carmen Nadia CIOCOIU. Integrating digital economy and green economy: opportunities for sustainable development. Theoretical and Empirical Researches in Urban Management, Volume 6, Issue 1, 2011, (2): 33-43.

[101] Dwaine Maltais, Take a coordinated approach to talent-management strategies and solutions. Employment Relations Today [J]. 2012: 47-54.

[102] David Le Blanc. Special issue on green economy and sustainable development [J]. Natural Resources Forum, Volume 35, Issue 3, August 2011: 151-154.

[103] JS Renzulli, Reexamining the Role of Gifted Education and Talent Development for the 21st Century A Four-Part Theoretical Approach. Gifted Child Quarterly [J], 2012: 150-159.

[104] Hong Li, Kuangnan Fang, Wei Yang, Di Wang, Xiaoxin Hong. Regional environmental efficiency evaluation in China: Analysis based on the Super-SBM model with undesirable outputs [J]. Mathematical and Computer Modelling, 2013, 58 (5-6): 1018-1031.

[105] Gleim M R, Smith J S, Andrews D, et al. Against the Green: A Multi-method Examination of the Barriers to Green Consumption [J]. Journal of Retailing, 2012: 44-61.

[106] Ming-Hui Huang, Roland T. Rust. Sustainability and consumption [J]. Journal of the Academy of Marketing Science, Volume 39, Issue 1, February 2011: 40-54.

[107] Magdalena Brzeskot, Alexander Haupt. Environmental policy and the energy efficiency of vertically differentiated consumer products [J]. Energy Economics, 2013, 36: 444-453.

[108] R. Edward Grumbine, Jianchu Xu. Creating a 'Conservation with Chinese Characteristics' [J]. Biological Conservation, 2011, 144 (5): 1347-1355.

[109] René Kemp, Serena Pontoglio. The innovation effects of environmental policy instruments—A typical case of the blind men and the elephant? [J]. Ecological Economics, 2011, 72:

28-36.

[110] Song Guohui, Li Yunfeng. The Effect of Reinforcing the Concept of Circular Economy in West China Environmental Protection and Economic Development [J]. Procedia Environmental Sciences, Volume 12, Part B, 2012: 785-792.

[111] Wang Y, Lin W, Wan Q. Green Growth: Constructing a Resource-Saving and Environment-Friendly Production Pattern [M] //China Green Development Index Report 2011. Springer Berlin Heidelberg, 2013: 31-48.

[112] WT Tsai. An investigation of Taiwan's education regulations and policies for pursuing environmental sustainability. International Journal of Educational Development [J], 2012. 359-365.

[113] Xiaohong Zhang. Evaluating the relationships among economic growth, energy consumption, air emissions and air environmental protection investment in China [J]. Renewable and Sustainable Energy Reviews, Volume 18, 2013: 259-270.

[114] Yi Ding, Hongliang Yang. Promoting energy-saving and environmentally friendly generation dispatching model in China: Phase development and case studies [J]. Energy Policy, 2013, 57: 109-118.

后　记

本书是在国家社科基金重大招标项目“中西部地区资源节约型和环境友好型社会建设战略研究”（项目编号：08&ZD043）子课题五“中西部地区‘两型社会’建设战略的支撑体系研究”最终成果的基础上进一步提炼、修改而成的学术专著。2008年下半年，在由国家社科规划办发布的国家社科基金重大招标项目指南中，“中西部地区资源节约型和环境友好型社会建设战略研究”选题赫然在目，鉴于我长期从事可持续发展理论与实践的研究，并先后担任安徽省绿色文化与绿色美学学会第一届、第二届副会长和现任会长，合肥工业大学的同人和中国科技大学的赵定涛教授建议我作为首席专家与他们合作投标申请该项目，经过近3个月的艰苦劳作，我们按时向国家社科规划办提交了自我感觉满意的投标申请书。功夫不负有心人，2009年4月传来捷报，该项目在激烈的投标竞争中脱颖而出，获得批准立项，成为安徽省获得的首项国家社科基金重大招标项目。安徽省委宣传部社科规划办即时发来贺信，希望我们以此为契机，全面提升科研水平，多出成果、多出人才，充分发挥引领示范作用，为全省哲学社会科学大发展大繁荣做出新的更大贡献。责任所在、使命所系，我们倾注所有的力量和极大的热情于该项目的研究之中，先后向国家社科规划办提交对策建议稿4篇，其中两篇被国家社科规划办《成果要报》录用编发，发表阶段研究论文40余篇，并完成了6个子课题的研究报告和项目总体研究报告，于2013年金秋时节收获了“通过结项鉴定”的喜悦。

2014年7月，计划出版的“中西部地区资源节约型和环境友好型社会建设战略研究”成果被列入“十二五”国家重点图书出版规划，经合肥工业大学出版社与项目组研讨，基于“两型社会”建设与生态文明建设的内在关联性，将出版成果名称调整为“生态文明与资源节约型和环境友好型社会建设丛书”，其中子课题五《中西部地区“两型社会”建设战略的支撑体系研究》

作为该系列丛书中的一本专著予以出版。于是，我们利用今年整个暑期和国庆长假的时间，全身心投入到书稿的修改、提炼之中，致力于原稿的问题究诘、结构调整、材料更新、观点提升、政策凝练，试图奉献给读者一本集学术性与资政性于一体的学术专著，在为“两型社会”建设战略支撑体系的理论研究抛砖引玉和发挥新的推进作用的同时，为“两型社会”建设战略支撑体系建设提供决策参考和实践抓手。鉴于本国家社科基金重大招标项目的分工，细致的量化实证研究主要集中于第二子课题“促进中西部地区‘两型社会’建设的产业发展战略研究”、第三子课题“促进中西部地区‘两型社会’建设的人口与城镇化战略研究”和第四子课题“中西部地区‘两型社会’建设的评价方法及应用研究”，本书作为第五子课题的成果，其研究内容主要聚焦于定性的“对策建议”方面。如何挖掘和演绎第二、第三、第四子课题的政策含义，加诸对本子课题的独立思考，提出切实可行的对策建议，使之“上通学理，下接地气”，言之成理，持之有据，行之有效，着实能对“两型社会”建设战略支撑体系建设管用，研究起来可谓似易实难、挑战多多。党的十八大以来，伴随全面深化改革的壮举，我国有关生态文明、资源节约、环境友好的政策的出台犹如雨后春笋，这既使我们对原来的研究结论充满自信，也使我们在书稿的修改中饱尝艰辛，我们在追求研究成果的创新性、有效性、前瞻性及其与国家新近出台的政策的契合性、协调性上殚精竭虑，提示了我国特别是中西部地区“两型社会”建设战略支撑体系建设的努力方向，并由此享受到在学术之路上艰难跋涉的快乐。

本子课题研究及本书稿的撰写、修改工作由黄志斌、张庆彩、张先锋完成。中国科技大学赵定涛教授和本丛书编委会成员，参与了研究大纲的讨论和阶段成果的交流，并提出了宝贵意见；合肥工业大学和中国科技大学的研究生范进、阮文玲、卢丹、李璠璠、刘有璐、吴卫东、王瑞、王俊凯、郭亚红、郑滔、林哲明、潘燕、夏婧、赵昭提供了部分章节的材料；许多学者的研究成果给了笔者有益的启示和参考；合肥工业大学出版社的领导和责任编辑以及合肥工业大学现代科技发展与马克思主义理论研究中心、“两型社会”建设研究中心给予了大力支持和帮助；安徽省教育厅马克思主义理论一级学科博士学位授权单位培育支持建设项目（项目编号：20122013SZKJSGC4-1）的立项给本书的出版注入了新的动力。在此，笔者一并表示由衷的感谢。

关于中西部地区“两型社会”建设战略支撑体系的研究是一项新课题，而且涉及诸多学科和实践领域以及海量材料，既需要理论上的融会贯通，又需要对策上的协调创新，还需要材料上的精选细析，因笔者学识有限，加之时间仓促，书中难免有疏漏、偏颇甚至不当之处，祈望同行及读者指正。不断深化生态文明和“两型社会”建设研究，使之成为我国生态文明和“两型社会”建设的学理支撑和资政理据，将是笔者不懈的学术追求。

黄志斌

2014 年 10 月于合肥工业大学斛兵塘畔